四十而喜

陈中美 著

四十而喜几个字，确实不是刻意拼凑出来的，当这几个字涌现在脑海之时，我自己也发愣：喜从何来？

经济管理出版社
ECONOMY & MANAGEMENT PUBLISHING HOUSE

图书在版编目（CIP）数据

四十而喜/陈中美著. —北京：经济管理出版社，2018.6
ISBN 978-7-5096-5824-6

Ⅰ. ①四… Ⅱ. ①陈… Ⅲ. ①工业产品—产品设计—作品集—中国—现代 Ⅳ. ①TB472

中国版本图书馆 CIP 数据核字（2018）第 109013 号

组稿编辑：杨国强
责任编辑：杨国强　张瑞军
责任印制：黄章平
责任校对：张晓燕

出版发行：经济管理出版社
（北京市海淀区北蜂窝 8 号中雅大厦 A 座 11 层　100038）
网　　址：www. E-mp. com. cn
电　　话：(010) 51915602
印　　刷：北京晨旭印刷厂
经　　销：新华书店
开　　本：720mm×1000mm/16
印　　张：9.75
字　　数：168 千字
版　　次：2018 年 7 月第 1 版　2018 年 7 月第 1 次印刷
书　　号：ISBN 978-7-5096-5824-6
定　　价：38.00 元

目 录

CONTENTS

第一部分

净心静气

心净者　则仁

气静者　则雅

吾欲求全

则痴也

净心静气
心净者则仁气静者则雅也
戊戌年中美书

序 / 四十而喜

时至今年，我已年满四十岁。对于这个年龄，我曾经充满期待，曾经为所谓不惑之龄的到来，预设了许多。可如今，一切都有点莫名其妙，也有点无可奈何。

古人谓之四十而不惑，我可不敢这样解读。如今要学习的、了解的和看开的事物，每天都应接不暇，所以，我无法不惑，也确实做不到不惑。因此，不由自主地从心里冒出“四十而喜”几个字，确实不是刻意拼凑出来的，当这几个字涌现在脑海之时，我自己也发愣：喜从何来?

人生在世，获得或者需求无非两个方面：物质和精神，于我而言，时至今日，比上不足，比下有余，基本实现了当年走出校门步入社会时的构想。特别是物质方面，自己三十岁时曾沾沾自喜，因为那个时候，我已经是有房住、有车开的生活状态。然而，人的欲望是无穷尽的，看看身边的成功人士，我又奋起直追，像蜜蜂一样不知辛劳，四处奔波。多谢自己的勤劳，更多谢同事、客户对自己的支持与关照，我收获不少，也不再为吃穿住行而焦虑了。

自己三十七岁时，受某位客户以及一位朋友所作所为的刺激，突然冒出了一个想法：在自己四十岁时，要开一个画展，出一本书。为何如此？主要是看到他人不仅物质收获丰厚，在兴趣爱好方面也玩得不亦乐乎，大有建树，所以，心动不已。

我这个人，确实是命苦。其实，我的贪念不多，但好胜心强，经常在自己有点作为而飘飘然时，会找一些重量级的人或事来压一压自己。而且，像弹簧一样，往往反弹之后的效果让我暗暗自喜。

为了筹备画展，我收集素材，在画布上涂抹，为了达到自己的要求，不断修改，常常食不甘味；为了出一本书，常常夜不能寐，文字像部队一样，在脑中组合排列，促使我不得不坐到书桌前奋笔疾书，直到天明。

从三十八岁开始，我的油画作品多次参加各种画展，我的一些文章，也得到亲朋好友的认可与共鸣，小有满足感。

今年，自己独自一人开一次画展，估计不会实现，作品有限，功力不深，我并不认为自己是个好画家。我加入地方美协，参与了几次画展，心愿已了，就没必要刻意折腾一回，以免炒作之嫌。至于出书，却是必要的，把自己的绘画作品、诗词文章汇集成册，做一个阶段性的总结吧。

忽然想起一件趣事，很多年前，在老家的一个路边相摊，出于好奇，花了5元钱，请那位摸骨相面的“大仙”透露了一个“天机”,“大仙”说我有八十多岁的寿命，且一生虽有坎坷，终是富贵之相。哈哈，按“大仙”之意，我已活了半辈子了。所以，以后我对一些年轻人说话可以用这样的腔调——以我半辈子的经验，你可以如何如何——别人也必须得听着，这岂不是又一喜？

四十而喜，喜从天降。如能以此文为我同名书之序，则大喜也。

2018年3月6日

斜阳　油画

今夜无眠

窗外又响起了青蛙的鼓噪声，断断续续，高低不一。经过多年的修炼，我对这种噪声已能化解，就连隔壁邻居家的狗叫声，我也学会了欣赏。在这些重复的声波环绕之下，我已能安然入睡，善哉。

小时候，家在农村，老屋旁就是池塘。夏天的夜晚，除了青蛙还有其他各种生物，发出的声音高低错落，此起彼伏。特别是整个村子里像接力赛一样的狗叫声，让我快速进入梦乡。要是身边还有几位长辈在谈论家长里短，犹如加了某种催化剂，更是让我睡得“嘴歪眼斜”，急急入梦令。

倒是现在，虽说环境和心境都不同了，但睡眠实在差了许多。本来白天工作就很投入，往往下班回家后犹如长蛇被抽了筋，手懒脚懒，如果可以直接倒在床上，肯定能酣然入睡。

但是，不吃晚饭，唯恐家人担心；不和小孩互动一下，自己过意不去；不动手搞一下卫生，显得有点大男子主义；等等。于是精神头又上来了，还要陪父母看一下电视，闲聊几句，不然他们心里会胡思乱想。所有的一切做完了，妥帖了，终于可以上床睡觉了，可又是今夜难眠。

蛙叫、风声、狗吠、车噪等，我都闻之如无物，用自己的方法转化，让这些声音在耳朵里升华。但是，另外一些东西乘虚而入了，一些莫名其妙的画面、一些乱七八糟的文字等，在脑海里等候，有些竟然还自动排列、拼凑，让我无法不衔接下去，完善出来。

甚至有一些美妙的音乐、离奇的故事等东西争先恐后地占领我大脑的各个角落，有文学、经济、历史、美术、政治等，让我不舍得让它们消失。于是，我时而像个画家对着画布在涂抹，时而像个作家在组织文字，或激扬，或凄美。

好吧好吧，打住打住。

好好睡吧，不然自己频繁地翻身肯定会干扰妻子的美梦，抱个枕头去别的房间？就怕她会多想。再翻一次，找到一个舒服的姿势，应该可以了吧。轻一点、慢一点。长时间保持一个姿态，难免手酸脚麻，只能再翻一次了。

要不起床看看书，或者把刚才脑海里的东西好好整理一下，记录下来，也许一篇奇文或一幅名画就诞生了。其实刚才的创意也不错啊，要是开发出产品，肯定大卖啊。哈哈，我不就成为××××或者××××了吗？

饶了我吧，我只是普通人，非著名画家、非优秀设计师、非杰出企业家，非也非也。

又一阵车噪声传入耳膜，来吧来吧，让我仔细分辨一下不同挡位和不同车速噪声的变化，反正今夜无眠。

2016年4月16日

清泉 油画

雾色　油画

雾 色

骄阳初升，四周光明。然而远山重重的村寨，依然薄雾蔼蔼，吊脚楼此起彼伏，若隐若现。她倚靠在窗前，目光迷离，甚是落寞。

浅浅的迷雾，锁住了她的心。

有一个人，能认出她的背影，若轻声呼唤，她必然回首，笑意阑珊。可她还未微笑，那人却已化成云烟，轻盈升腾。笑意凝成浓墨，滴入一盏清泉，水杯随风而落，溅入她颤抖的掌心。她久久伫立原处，想通过目光撕扯这雾色编织的大网，逃离，追随他模糊的身影。

梦醒，泪湿云帕。

放不下，是一切烦恼的根源。可爱的姑娘，薄雾的遮挡，只能蒙蔽自己的眼光，而心可以飞翔。守护好自己澄明的心境，不因遮挡而黯淡，不为压制而垂头。就如清晨路边你采摘而归的野花，此刻在你身边依然娇美。你不知命运将如何描画，但生命之美，贵在珍惜。

可爱的姑娘啊，你静静地冥想吧，我会在画作里，记下你永恒的守候。

每天

我早上一般是 7 点左右起床，送小孩到学校后就到公司。我的办公室一直是坚持自己打扫，希望借此保留一些劳动者的本性，更希望通过简单的体力支出达到锻炼身体的目的，这一方法效果不错。

每天的事情都很繁杂，而且一直是在变化之中，无法适时安排。迎来送往是必须要做的，有时来往的朋友多了，说着说着嗓子就哑了，声音开始变得怪怪的，不知道的还以为本人是个公鸭嗓呢。

还有好多地方是必须去的，见一些客户，包括我们的供应商。但一些地方是可去可不去的，于是人就懒了，也不知道怎么了，现在越来越喜欢处于非运动状态了。

于是有的朋友开始抱怨，说我的架子大了。

我也会细想缘由，其实主要原因是我以前需要游说的对象太多，我必须到处跑，必须到处去展示自己。现在需要思考的时间多了，需要坦然面对的时候更多了。

如果在外面兜一圈再回到办公室，什么心情都没有了，容易烦躁。

茶是我每天都要喝的，这些习惯是被客户逼出来的。由于不懂品茶，有的朋友甚至自己带茶叶到我办公室。由于为一些生产茶具的企业设计产品，所以特意去恶补了一下茶文化，也就一知半解，但喝茶开始成了我的爱好。黑茶、红茶、铁观音、熟普、单丛、苦丁、毛尖、柑普等，我的办公室一应俱全。

并非我的爱好广泛，实在是来的朋友天南地北，我要尽量做到全面。茶具是另一个让我陷进去的对象，特别是一位朋友出国给我带回的一件陶壶，我喜爱至极，用了几次怕摔，藏好不用了。

中午休息是一件很痛苦的事，这种痛苦主要来源于我的员工，每次看到他们趴在办公桌上午休，我就觉得自己愧对他们。公司条件有限，无法安排独立的休息室是我的心病，虽然我自己打工的时候也是这样休息，并不觉得有什么辛苦。

和别人聊天是我比较乐意去做的事，特别是和聪明人聊天。我很珍惜这些机会，由于思想碰撞，往往创意的火花四溅，脑袋里的“产出”很多。别人乐于听我对某些事物的看法，而我，很感谢他们提供的角度与话题，让我能受到启发，从而创新不断。

傍晚是很累的时刻，往往回到家，窝在沙发里就不想动了。这时父母在准备饭菜，小孩在做作业，我也不能无所事事，以免一家之主的形象受损，更不能忍受地面或桌面的灰尘和污垢，拿起拖把左右开工。

还有，每天三顿饭，一两次大便，四五次小便，洗两次脸，刷两次牙，这些事也得做啊。

每天，是自己的每一天；每天，是一生中过往不来的每一天。

2014 年 5 月 8 日

疾飞 油画

荷语　油画

荷语

夏日荷塘，微风吹散了清香。莲蓬展示着自己的饱满，绿叶轻舞，摆弄着掌心的水珠，丁零当啷。

漫开的荷花点缀在翠绿的枝叶之间，绚烂无比，秉承着水的幽深、天的碧蓝。

物有高低，水有清浊。各自有各自的天地，也互有依托，拥挤中舒展，也是一种惬意。

我本世间凡品，承人美意，誉我出淤泥不染之品格、淡泊之品质。一切美好，源于心生，我亦如此，空心而立，芳华不争。

一片荷塘，摇曳万千。有静立者，在默默冥想、轻轻低语：微风无意，碎花不言。

永恒　油画

哥哥　文人在哪儿

下午要参加电器行业一个小规模的聚会，大家交流经验，相互学习提升，为2017年行业发展把脉问诊。

浸在家电圈第16个年头了，结识了几百个企业的老总及相关人员，形形色色，鱼龙混杂。许多人白手起家，有些人大器晚成，更有一些人披荆斩棘、起起伏伏。和他们交往久了，就知道他们的不易与坚韧。然而时间久了，特别是近两年，对于身边的一些朋友，除了钦佩，更添了一些失落与不安。

老板很多，企业家太少；商人很多，文人太少。

据我了解，20世纪90年代去广东创业的大致可以分为两种人：文化技术类和吃苦耐劳类，两种人有不同的禀性，初期他们所创办的企业或者公司因为市场当时的需求旺盛，基本处在同一起跑线上。不过，时间久了，一些文化低但注意自我变化的人反而脱颖而出了，成为现在中小企业的中流砥柱。而有文化技术的某些人，不注重实干，自我封闭，反而止步不前。另外一些文化技术低也不善于学习的，慢慢成了所谓的“老板”，现在也是有一天没一天地维持。

中国自古以来对商人的评价与定义基本都是负面的，认为商人巧取豪夺，压榨盈余。现在好像也是如此，吃瓜群众觉得那些老板住豪宅开豪车，左拥右抱，吃喝嫖赌，简直是道德恶棍，“价值流氓”。

还有一些，拜佛求神者众，舞文弄墨者多，半斤八两，出丑卖乖。偶尔进入一些培训班或交流会出来后，顿时觉得肚子里重了很多，于是观点见解脱口而出，俨然得道成仙，立即仙风道骨了，全然不知涂脂抹粉难掩内里容颜。

哥哥，文人在哪儿?

我不是文人，我也没见过文人，我只在传记野史里看过一些闲闻逸事，远至魏晋，近如民国，前谓大贤，近称大咖。

常识之解，文人是诗人、画家、艺术家等人的总称。何谓文人？文风？傲骨？不止如此吧。古有清谈误国者，现有献媚求宠者，虽有文采也有傲气，但少了贤达多了放纵，只求个人旷世之名，少了当世济人之责。小善不为，避乱求全，还自诩清浊之分，实在是文人之劣根，这些人，绝不能称之为文人。但现在，文人在哪儿?

许多文人，搬一把太师椅在面前，对着这把椅子前倨后恭，然后又快步上前坐定，在太师椅上挤眉弄眼。旁人不敢打扰，不能评点，唯恐被这个文人批为庸俗，批为无知。

于是，各色文人，自画圈子，自搬椅子，自作姿态。在他们身边有许多诚惶诚恐自觉不是文人的人围着，于是这个文人觉得自己更是文人。围在一些文人身旁的就有许多商人，想去点俗气、沾点文气，以便哪天可以抱着几个金元宝坐上那把太师椅，这样人生就美哉美哉。

不过，哥哥，议了半天，文人在哪儿？我相信，就在那里，也许我无缘得见，还要找寻。

2016 年 12 月 30 日

转经归来 油画

房子

许多人都希望自己的房子面朝大海，春暖花开。我也一样，对自己住的房子，有过各种各样的设想。我从不怀疑自己实现这些设想的能力，不过我清楚有能力也不一定能实现这些。从小到大，我一直在换房子，这并不是夸张。从自己出生的房子开始，当时住在那里的记忆已经很模糊了，稍大一点被送到外婆家，和外公外婆同吃住，房子阴暗、狭小，不过气氛很融洽、快乐。

记得外公经常在八仙桌上，用各色彩纸和细长的竹条，扎一些纸马、纸房子等祭品，而后拿到集市上去卖。我则时常趴在桌边，看着阳光从门框里斜斜地涌进来，映照着那些祭品而熠熠生辉。

父亲在县城盘下了一个汽修店，我也得以进入县城小学就读，换了一个住所，其实是马路边的一个木棚子。几口人住在十几平方米的棚子里，冬冷夏热，但如何拥挤，怎么炎热，我都没什么深刻的印象了。只记得炎夏的夜晚，我时常在旁边小河的桥上抢先霸占一席之地，洒上凉水，铺上凉席，就这样席地而睡。

旁边的人来人往、车水马龙渐渐地稀疏，但到了深夜，各家各户的家长都会寻到桥上，唤醒自己的孩子回家去睡，怕明晨的朝露打湿了衣被，更怕小孩睡死了梦游翻到河里去。我是掉下过河的，只不过是从桥面上往河里跳，潜下水去搜寻石块下面的小鱼。

我和弟弟们越长越大，木棚里挤不下了，父母便租下附近一间小房子给我兄弟三人住，而后又是一家人另租了别人家的一间大房子。对于这些房子，我们没有亲近感，不论在哪个房东那里，我们都要看他们的脸色。人在屋檐下，不得不低头。

父母在县城买的第一栋房子是河边的一处老屋，摇摇欲坠的木楼梯、吱吱呀呀的木门成了我最深刻的记忆，好在住得不久，这处房子就转让出去。父母在马路边重新寻了一块地皮，建起了钢筋水泥房子。为了省钱，我和母亲去河里捞石头打地基的情形仍记忆犹新。建好一层楼后，父亲又在楼顶搭了一个棚子，我得以有了一个画室，炎炎夏日，在里面挥汗如雨却不觉辛苦。后来房子变成了两层、三层、四层。对于这个大房子我并没有多少很愉快的记忆，一直觉得父母辛苦，恨自己无力分担。

从初中毕业开始，我辗转浙江、河北等地，住过形形色色的房子，因我只是一位短暂的过客，不谈什么感受，只有颠沛流离的失落与彷徨。

大学毕业后，租房、退房周而复始。天可怜见，我也终于买了自己的第一栋房子，也是一套二手房，但心里多少有了一些成就感。在这个房子里工作、生活，有了很多温馨的记忆，孩子在这个房子里幸福成长。我和妻子就像护巢鸟一样，来回觅食、奔波。而后，我有了第二套、第三套，直至目前在装修的第N套房子。每一块地砖、每一次清洁，都是我和妻子一起亲力亲为。过程很辛苦，甚至乏味，但看到父母和小孩在房子里快乐地生活，我愿足矣。

其实，我对房子的要求不高，无烟少尘、书香画美即可。房子，是人找寻对象的载体之一，是许多我们想拥有的目标之一，也许买房子很现实，但我们找寻的虚虚实实的许多，也许会埋入地下，也许会化为灰烬。埋入地下的，往往是已经拥有并想永远拥有的，而被砸坏或被烧毁的，却是我们痛恨的或是向往的。

房子，现在是我的，以后是谁的我并不知道，不谈拥有，虚无才是一种境界。人生本来就是一个过程，我正在向前走，正在找寻自己的下一处“房子”。

2014年12月5日

父亲 油画

父亲的朋友走了

昨晚接了一个电话，得知大贼去世了。这位大贼，实为父亲挚友，幼年时随其父下放至村里，因其体格健壮，声音洪亮，又喜欢在吃饭时端个大海碗在村里各家出入，见有自己喜欢的就毫不客气地夹在自己碗里，于是有人骂其大贼，时间长了，成为固定的外号，大名反倒没人叫了。因其比父亲年幼几岁，因而我就称呼其为：大贼叔。

关于大贼叔的许多逸闻趣事都是母亲讲给我的，简单说几件。其一：我出生的当天，大贼叔就抓住我的双腿，把我倒提起来，像拎着一只小猪崽似的，在我屁股上扇一巴掌，我哇哇直哭，他却哈哈大笑。其二：为了赌钱，他曾经连续三天三夜不吃饭，只靠抽旱烟提神，与八九个赌徒轮番大战，且赢了一大把钱。其三：每到吃饭的时候，他都会端个大碗，自家的饭菜不够他吃，便在村里各家进进出出，不论吃什么，也不讲究便往自己碗里拨，不过都是意思一下，点到为止。但这也够各家主妇担心了，因此一见他便像见了贼一样，而他一个村转完，肚子也饱了。

还有一点，大贼叔也是位豪爽之人，在他发迹之前便大手大脚，赌钱发迹之后更是有求必应，他也不记账。

大贼叔因赌钱聚财，第一个在县城建起了一栋带大院子的四层小楼，第一个在县城买了嘉陵摩托，风光无比。平日里，我要上学，父亲也忙于生计，因而走动较少。不过有一件事印象很深。父亲带着我去城里，到大贼叔家探望时，他家里有许多糖果，我见什么吃什么，毫不客气。大贼叔又是哈哈大笑，回家时还送了几斤橘子。我坐在自行车后座，还没到家，几斤橘子便全部落了肚，着实挨了一顿骂。

后来我家也到县城定居，大贼叔便经常骑着摩托车到我家和父亲闲谈，我也得以有机会在他们周围听一下，谈的内容千奇百怪，我也不甚了了。但有一件事记得很清楚：大贼叔谈话时总是从兜里不断地掏出裁好的白纸和烟叶，熟练地卷成一个圆锥形的喇叭烟，最后用舌头舔一下收口，烟雾弥漫，非常呛。要知道那时，周围的邻居条件再差的老爷们都已抽红梅了，他那么有钱为何如此？一问得知，原来是本性难改。

而后我读大学，直至毕业工作，平日里连父母都少见，大贼叔就更是难得一见了。今年春节，按往常的惯例，我随父亲去大贼叔家拜年，许是冬日的原因，院子里没什么草木，只有一棵橙子树上还能寻到一丝绿意。也不见有人出入，按说现在都是成群结队各家拜年的时刻，应该是热闹的，不至于如此冷清。在进大厅的台阶上，父亲小声地告诉我："大贼得了胃癌。"我愕然，父亲嘱咐我见大贼叔时要高兴，要少提疾病，要多起些话题，要……我都一一记在心里。客厅里仍然空无一人，却听见二楼传来咳嗽的男声。

在卧室的床边，摆着一个炭火盆和几把竹椅，只见大贼叔正蜷缩着身子，头发花白，我压抑的伤心立即加重了许多。大贼叔抬头，目光与我相对，他竟轻声笑起来，想站起来迎父亲，但身子虚弱，没能如愿。

待我们坐定，他也没按春节的俗礼相互祝福，只是说：我就知道你会来看我的。然而我却无语，父亲询问他的近况，大贼叔讲现在已是胃癌晚期，许多吃食还未进胃里便已全部吐出来了，只能勉强进一些流食。不过他依然抽旱烟，依然时不时地出去打牌。坐了多时，见他已有倦意，父亲和我便告辞。我拿出一些钱放在大贼叔手里，他握着钱晃了晃手，说："你的钱，我是可以收的。"

现在终于有了确切消息了，虽然一切都在意料之中，但听完电话后，我在书桌前枯坐了许久，不知道要干什么，所剩下的，唯有祝福了：仁厚的地母，愿他的灵魂在您的怀里永安！

2011 年 11 月 6 日

幻影　油画

接下来怎么办

又是一个很怪的题目，但我的心里确实是在想这个问题：接下来怎么办？并不是我碰到了什么大问题难以解决，实在是对于现状以及自己未来在工作及生活方面有了一些自相矛盾的看法或设想。

本来，我想用“对自己好一点”作为本文的题目，只是觉得有点矫情。上个星期，和一些朋友聚会，“胡吃海塞”之后他们还要相约一起去开房唱歌、打牌。

我是不太喜欢那些场合的，太吵太闹，但朋友把我的拒绝当成笑料，怕老婆也好，太注重保养也罢，我不想争辩了。你陪我、我陪你本来是互动的、相当的，但我喜欢喝茶，你喜欢喝酒，我喜欢闲聊，你喜欢喧闹。我不愿意委屈自己，也不想无趣于别人。只是觉得，现在的人怎么了？为什么不对自己好一点呢？

身边的朋友、客户等各色人物，认识许多，经常听到抱怨，昨晚又如何如何，喝得自己很痛苦。最近又怎样怎样，许多事情烦到透顶。

过着自己不想过的生活，做着自己不想做的事，如果为了某个目标，暂时忍耐的话，也许会让他人肃然起敬。但事实并非如此，许多人并不是在追求自己想要的，只是在梦想得到别人已有的而已。

把别人批了一通，我又如何？也许是性格的原因吧，我无法忍耐别人对自己的漠视或失礼，我可以在别人言语相激的时候断然放下手中的酒杯。当已经回到家里，有客户相邀时我会婉言拒绝，我不想自己太晚回家牵扯亲人的心。拒绝的人太多，坏印象也就留在他人的心里了，我很冲，摆架子，不亲和。唉，爱怎么说就怎么说吧，为什么不能对自己好一点呢？

我也曾对别人频频举杯，我也曾星夜轻轻地推开家门，我也曾面对他人的无端指责而敢怒不敢言。但我为什么要这样做呢？就是希望自己以后不要再过那样的生活。为他人、为团队服务很多年了，牺牲了身体，忽略了亲情，得到了一些迫切想要的回报，我知足了。

所以，我现在要对自己好一点了。以前许多不懂的、不精的，要好好学习了。以前喜欢的，中途丢下的，现在要重新开始了。但是，有一个矛盾的地方：多年的积累，许多事情应该可以做得更好，目前的平台可以更上一个层次，为什么要暂停或者放弃呢？接下来怎么办？

这个问题也许不是问题，顺其自然、知足常乐等言辞足以给出许多的答案。就自己文化水平的进步，就自己事业发展等方面而言，这些都是消极的。能不能在对自己好一点的前提或者基础上再更进一步呢？这是我对未来的解答。做设计多年，做实业多年，我越来越诚惶诚恐，越来越觉得自己所知甚少，越来越怕事情没做好。

我希望自己更全面一些，更深入一些，更长远一些。当然，现在的我没必要委屈自己、强迫自己、贬低自己，因为经过自己的努力，我可以避免这些，也已经得到自己想要的，甚至更多。

接下来怎么办？我认为已经找到答案了，以前的辛劳，换来了现在的安宁，但暂时的休整之后，应面对新的征程。当然，接下来所面对的，我可以选择了，可以把控了，好好静下心来，对自己好一点。

万众皆佛，佛为悟道之众生。

净心静气。

这是突然从头脑里浮现的两句话。

2015 年 4 月 15 日

容 桂 站

这也算诗

我一直认为：诗词是个人情绪发泄的产物，如果按现在网络语言的特点来分类的话，诗词基本上可以分为几类，不信你试试看。

反正，谁都是诗人，流氓、地痞、农民、商贩、大姑娘、老爷们儿等，只要有情绪，多发泄几次，就可以成为一个“诗人”。

如果你发泄的词语里有别人认可的成分，那就是一名好诗人了。要是好的话，你的发泄正是大家都想发泄的内容，那你就有可能成为一个伟大的诗人。

翻一下笔记本，发现自己原来已经发泄过那么多次了，也不知羞了，摘录一些，让诸位看看，看后说不定也想发泄一番呢。

无题

（2017年6月6日）

闲看浮云半日
困品香茗一壶
乐享人生百味
苦求一世真章

井冈山

（2007 年 11 月 13 日于顺德）

百里井冈

雾海茫茫

路随山形

蛇盘而上

回味悠长

登高远望

红旗插遍山岗

试问今日

谁能再点激扬

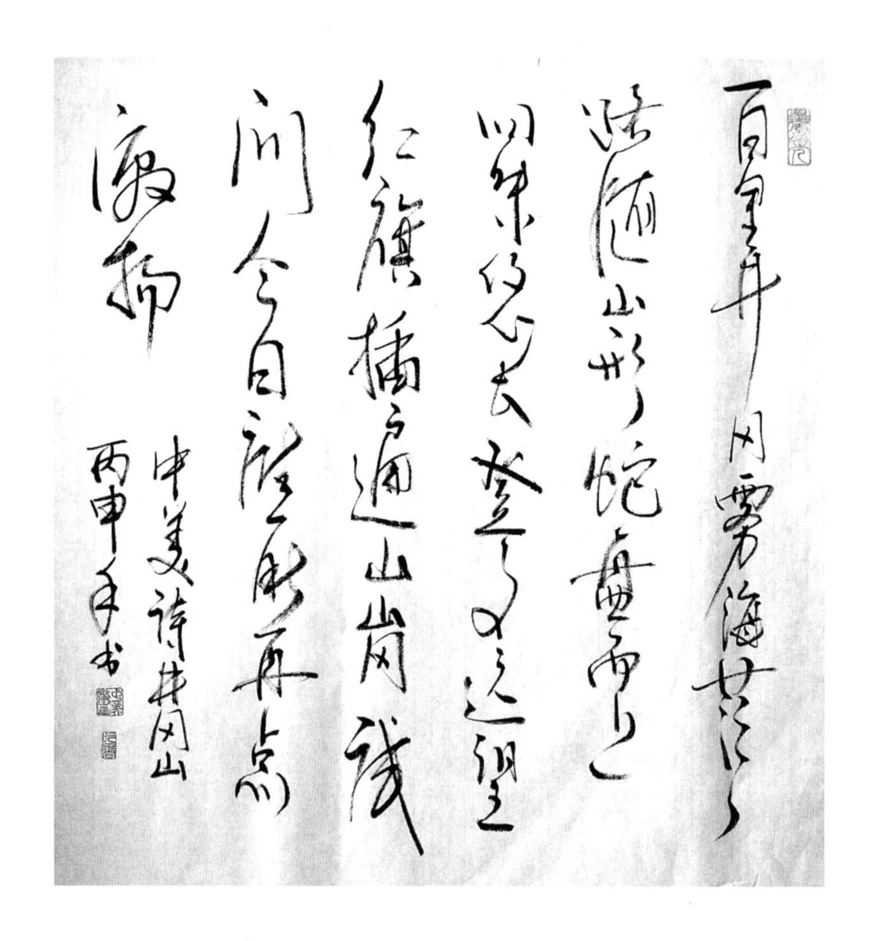

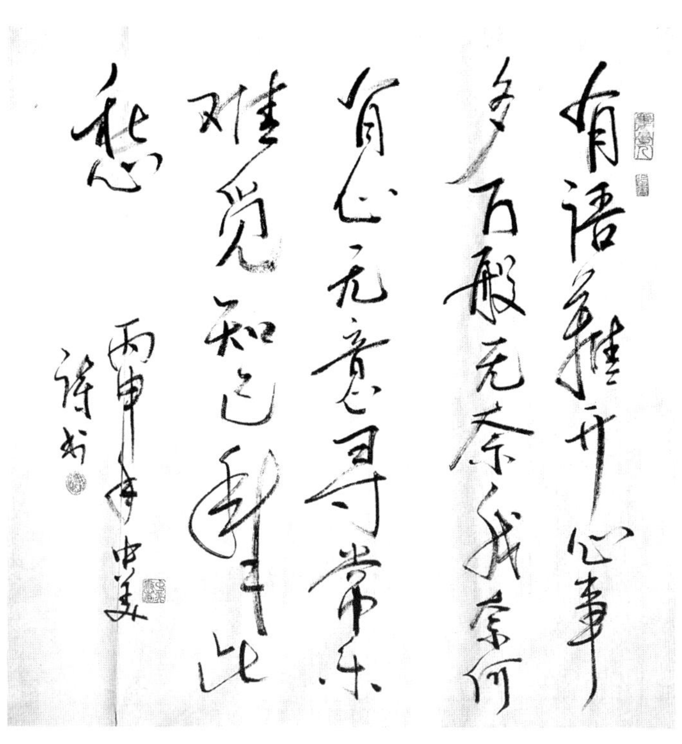

静思

(2011 年 2 月 13 日于顺德)

有语难开心事多

万般无奈我奈何

有心无意寻常乐

难觅知己解此愁

月夜

(2012 年 3 月 23 日于顺德)

无言独坐窗头

难成谋

月朗星稀

草木剪影稠

恨已忧

散去纷扰却添几多愁

就让羊角疯抽去吧

这个题目很奇怪，我自己也这样认为，不过实在没办法用其他什么题目来涵盖或准确表达我要述说的内容了，怪就怪吧。

1995年夏日某天上午，我像其他同学一样正专心听老师“胡说八道”，突然我坐在自己的座位上硬硬地向旁边一位女同学的桌角撞去，隐约听到同学的惊叫声和老师的呵斥声。之后听家人说当时同学和老师又惊又气，以为我在玩什么邪道道。天地良心啊，有用头去撞桌子，搞得自己头破血流的吗？不过还好，当时确实一点儿都不觉得疼。

自此，一种名为“癫痫”的病就伴随至今，这种病俗称“羊角疯”，也许骂人的“抽疯”一词就源于此吧。但很奇怪啊，羊角怎么会疯呢？不管那么多，爱“抽”就“抽”吧。

不过这病也太折磨人了，我基本上是在晚上发病，全身抽搐、满嘴冒泡、大汗淋漓，可苦了老爸老妈了，两个弟弟也闻声而动，守在床边，怕我摔了，怕我咬自己舌头，怕我撞破头。迷迷糊糊中，我能听到他们轻声的呼唤，我好像也回应了，但他们听到的是我嘴里发出的“呜、呜”声。早晨醒来，起床很费劲，头很晕，经常满嘴的泡沫和鲜血，全身的经络和骨头很痛，四肢无力，特别是两条大腿内侧及腰部，站起来后非常痛。

我好像进了太上老君的炼丹炉里逛了一圈似的。不过，抽吧，我不怕。

就这样，在家人的关照下我读完了初中，但很遗憾，我没考上高中。大学也不是什么人都能读的，况且还有两个弟弟要读书，家里靠父母修车补胎赚的这点钱已经很艰难了。我从小就和母亲一直种着老家的几亩稻田，现在我就可以全力耕种了。于是我进化肥厂做临时工，在建筑工地挑砂、运砖，我不想因为自己的身体而成为父母兄弟的负担。

一天，家里来了一个父亲的朋友，说他的儿子在河北正定的一家民营学校学习美术，学一年毕业而且推荐工作。这正合我意，要知道我从小就喜爱写写画画，而且初中还专门跟美术老师学习过。为了画画，我曾经在自家屋顶搭建的木棚子里，忍受夏日高温，光着上身，穿个大裤衩，汗流浃背，连吃饭都要老妈催好几次。可是不论我怎么请求，父母就是不同意我北上，原因就是我的身体。不就是怕我死在外面吗？要不让去，我现在就去死。

耐不住我死缠烂打，父亲终于松口了，母亲含泪将学费用布条缝在我的皮带上。就这样，我跨过长江、黄河，来到赵子龙的故乡——河北正定县，现在想想仍觉得有点悲壮。现在我还记得那间学校的名字是“河北正定育青美术学校”，一年制中专文凭。

全校就四个班，我是下半年去的，已经是下学期了。好在是灵活办学，又不要什么入学考试，我直接就成了令人羡慕的中专生了。班上的同学来自五湖四海，宿舍就在空置的大教室里，大通铺，一个挨一个住着二十多人，每到晚上，特别热闹。

不过很遗憾，我的病并没有因为环境的变化而有所改变，在大家进入梦乡后，会突然传来肢体对床板的撞击声，刚开始同学们都吓坏了，久了也就习惯了。但大部分的同学还是对我敬而远之，看我的眼神有时也很复杂，好在有几位同学和我关系不错。一位是湖南某县的，侗族，很能喝酒。一位是广西的，很厚道。还有一位是江西的女同学，在我读大学的时候，特意请我到外面吃了一只烧鸡，他们进入社会时，我还是一名穷学生。

很惭愧，现在我连他们的名字都想不起来了，不是我贵人多忘事，而是那病闹的，这是后话。但是，我很想他们，至今他们的音容笑貌时常闪现在脑海，人生太多的无奈，这也算一桩吧，唉！

中专还没毕业，我就随着毕业了的同学来到深圳。好像是大芬村，一头钻进一间用地下室改建的行画工作室，在画布上左涂右抹没几天，突然接到妈妈的电话，说家里有一所成人高中，可以免试就读，两年制，毕业后可以参加成人高考，也可以参加普通高考，我毫不犹豫就回去了。

由于在家里，虽然病还没好，但也有惊无险地过了两年。由于本人在外面跌跌撞撞过，所以知道机会的珍贵，学习自然卖力。后来被景德镇陶瓷学院录取了，但妈妈还是要我参加普通高考。为什么呢？又是病闹的，普通高考的目标是师范学院，包分配，可以回家做老师，这样爸妈就可以照顾我了。

冥冥之中命运也算眷顾着我吧，我考入了吉安师专（现在更名为井冈山大学了），又如读中专那样，我的病曾经闹得学生处长都出动了。大学生活平淡无奇，不过有个大收获，在大学喜欢上了一位学音乐的姑娘，谈了一段时间之后把我的病情告诉了她，可人家脱口而出："无所谓!"赶紧穷追猛打，终于迎娶过来做了老婆。

2000年，我又成了一名光荣的大学毕业生。文凭拿到手了，老婆也"预订"好了，工作也大致落实了，小日子眼看就会甜甜蜜蜜地开始了，命运却又一次踢了我一脚，单位不要我了，公务员也没考上，一时间我成了无业人员。没办法，我必须开始新的征程，母亲又一次眼含着泪看我挤上南下的汽车。

我来到东莞，辛苦做了几个月却被骗了工钱。来到顺德，真心实意地想在公司里建功立业，但老板的发展规划让我失望。

2001年，拼凑了几千块钱，租个地方，买几台破电脑，草头班子就算搭起来了。为了开拓业务，经常是晚上发病，一大早还得起床出去到处跑，发病后一两天内，全身酸痛，特别是一些关节部位。由于没有交通工具，也为了省钱，我步行在一些工业园区，这家进那家出，中午也就几元钱的快餐，困了就在快餐店的桌子上眯一会儿。

时至今日，已有十年，公司业绩越来越好，团队规模越来越大。有了房子、车子，有了夸赞、吹捧，想想挺俗气的。病也一直在发，也还是那么疼，但大大小小不去记它了，倒是有一点挺让我自豪的，因为我现在不仅没成为父母、兄弟的拖累，还可以为亲朋好友提供帮助，为其他父母的子女提供工作岗位，我可以吹嘘一下了：羊角疯，就让他抽去吧！怎么样，有点气势吧？

2011年8月4日

北省
定
育青美术学校

补注：

2010 年，听从亲戚的劝说和推荐，我去湖北枣阳的一家小医院，通过两年的努力，竟然把病治好了，到 2018 年，我再没有发过病了。在此，我无法将医院及医生的大名公布，以免广告之嫌。一路走来，有痛苦，有快乐，现在发现“上帝”把我推向汪洋大海时顺便送了一艘小游艇。

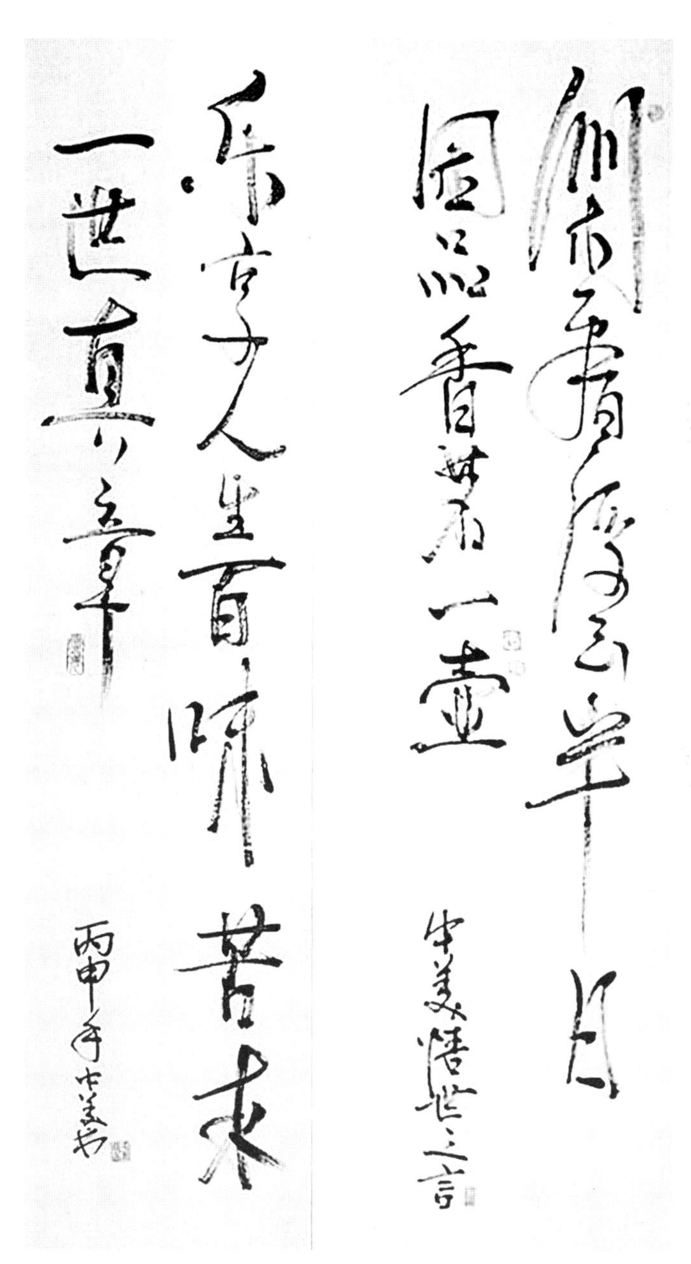

书法楹联

关于欲望

前段时间看了凤凰网里台湾名嘴李敖的一篇文章，他非常巧妙地阐述了中日两国的关系以及钓鱼岛问题。通篇妙语连珠，挥洒自如，想骂就骂，该贬就贬，让我羡慕不已。且不说自己没有如此文采，即使有，我敢这样写吗？毫不避讳地讲，我确实有这样写文章的欲望，但我还真不敢这样写，我怕挨骂，我怕误解，我怕……

这就是欲望，这就是我们有欲望却不敢去实现的实例之一，得出一个很痛苦的结果：我们必须压抑自己的欲望。

人性本善，这是对于刚从娘胎里出来的婴儿而言的，只要开始会看、会爬、会发出声音就开始有了欲望，但渐渐地，他（她）开始明白，有的欲望能得到满足，而有的欲望却会招来否定甚至打骂。郁闷的是，各种欲望仍像藤蔓似的在心里缠绕、攀延，于是大家学会了压抑欲望，于是出现了君子，出现了圣贤。

我非君子，更非圣贤。我也有各种各样的欲望，当一位美女向我暗送秋波，我也会心动；当别人生意兴隆的时候，我也想日进斗金；我更想自己能站在一个大厅，下面有很多人听着我的观点并送上热烈的掌声。太多的我想，太多的欲望。

于是，人世间出现了两个极端："好人"和"坏人"。我的理解是："好人"是把欲望处理得很到位，甚至刻意压抑自己的人；而"坏人"则是完全无所顾忌，让欲望完全得到释放的人。不过，这两种人都是正常人，而且，角色经常转换。

有这么一种人——我是男人，就以男人为例——他说：“我只喜欢你，其他人我连看也不想看。”你信吗？不过许多女人喜欢听这句话。他还说：“我宁愿自己粉身碎骨也要……”你信吗？但这种人偏偏受大众尊敬。他又说：“我羡慕乡野的自然生活，即使用报纸在野地里擦屁股也愿意在这里过一辈子。”你信吗？但这却是许多人嘴上喋喋不休的说辞。

有个美女从你面前经过，想看看，就大大方方地看两眼，谁让这个世界只有男人和女人呢，况且，对美的欣赏是人的共性，古今如此。想找个兄弟喝一晚，去吧，即使回家被老婆罚跪搓衣板也认了，毕竟，偶尔的放松更有利于自己迎接更艰难的工作。想一个人找个地方安静地待一下，去吧，在一个偏僻的角落，收拾一下自己失落的心情，重新找回自信。

我说得再多也没用，关键是自己要心动而且行动。

我的经验是：欲望也分好坏，所以，尽量减少产生诱惑的机会；尽量不要刻意地制造出现不好欲望的机会；尽量转移自己的注意力，用其他事物代替暂时的某些欲望。

说了一大堆，也许您认为还是压抑，那我也就不好说什么了。

外婆的那句话是对的：人一生下来就是要吃苦的。但是，你愿意吗？反正我不愿意，不写了，玩去。

2012 年 4 月 11 日

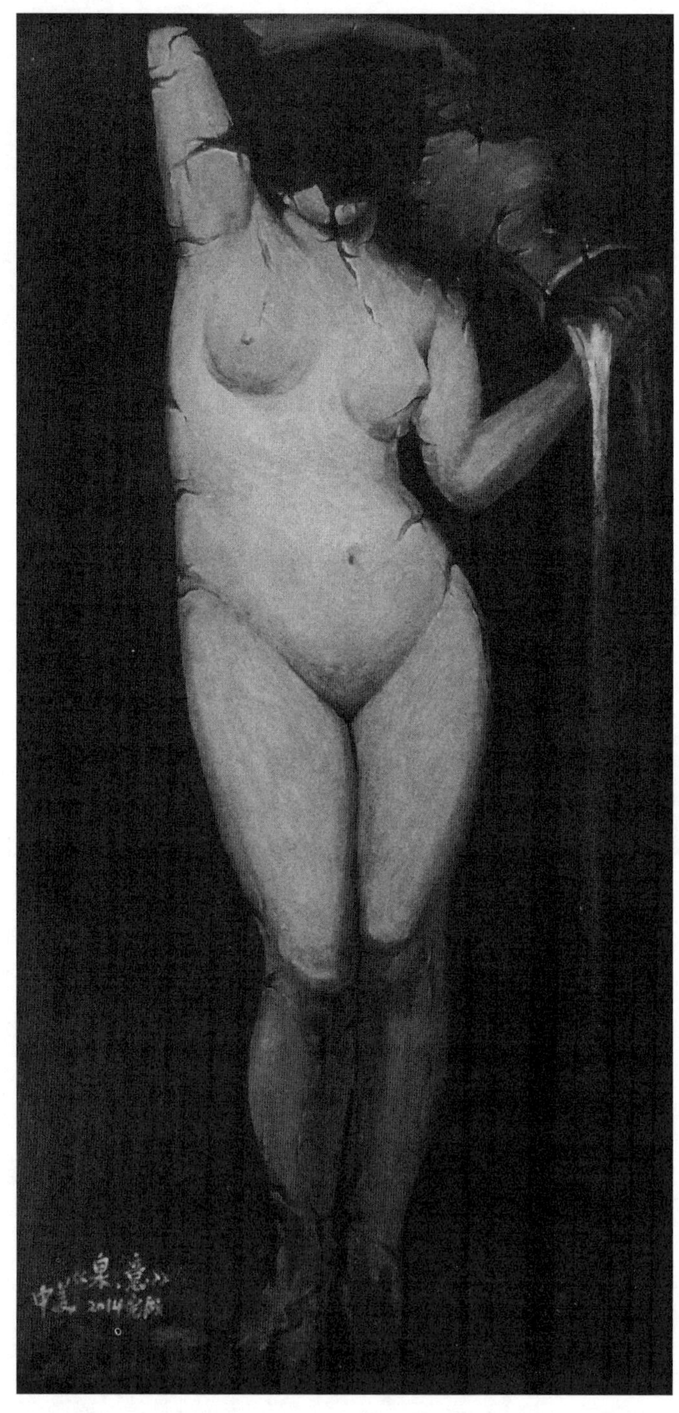

泉·意 油画

外面　外面在哪儿

近两个月，公司陆续来了一些新员工，也有一些员工离职，其中有两位，他们的离职原因非常一致，都是说想去外面看看，多历练一下自己。这些调调，让我有了些许感触。这两位的履历很有代表性：资深级和菜鸟级。就他们的离职原因，发表一下自己的看法。

首先，离职的两位都是产品外观设计师，其中一位在公司已经九年了，还是公司的股东之一；另一位是实习生，差一个月就可以拿到大学的毕业证。不论对错，他们说的离职原因，我确信是真实的表述。他们也没必要诳我这个小公司的老板，我的公司离职手续简单，也没什么特别的利益冲突，不值得他们编造理由。

那位老设计师大学毕业就在我的公司，从实习生、专职设计师到设计部长，成为股东，有我的提携，也靠他自身的努力。在公司没几年，他就有了车子、房子、老婆和孩子，应该是顺顺利利，春风得意吧。可自从他做了爹之后，好像突然压力倍增，家里的事情占用的时间也越来越多。

他也确实处理了一些时间上的矛盾，然而身体又出现了一点小毛病，其实是皮肤方面的，不容易好，三天两头复发。这么一折腾，对工作也就开始有点不上心了，客户有意见，同事也有怨言。里里外外、杂七杂八这么一叠加，他开始觉得力不从心。于是反思工作的意义，有了离职的冲动，有了先放弃工作到处走走看看的美好设想。

收到他的辞职信，我试着挽留，并不是说想永远让他成为和我一条绳上的蚂蚱，我了解他家的情况，虽然他现在获得和拥有的不算少，但也不至于丢掉现有的收入和一个不错的平台，我甚至提议让他请假休息一段时间，但对方去意坚决，我只好同意，但并不认可。

他并不是“富二代”和“官二代”，也没有超越别人的绝对技术优势。也许是我太保守，不会享受人生？好吧，我认。

但我个人坚信，通过我的付出和忍耐，可以让父母有个安稳的晚年，让子女有幸福的童年，我愿意先把自己的需求放在一边，先做一些自己并不十分喜爱的工作。通过我将近二十年的坚守，起点并不高的我收获了比他人更多的回报。

况且，坐在办公室听着音乐，吹着空调，作为设计师，有什么辛苦的呢？也许有一些烦恼和不顺，可为什么要把自己的付出和委屈放大，而忽视获得与回报呢？

也许是那句著名的鸡汤——世界那么大，我想去看看——影响了太多的人吧。

再说另外一位，年轻小伙，普通家庭，在公司待了两个月，本来公司要聘用他，给的待遇他也满意，可不知突然中了什么“邪”，也说要离职，想去外面看看，听了他一堆的解说，我一时无语，只憋出了一句话问他：外面，外面在哪儿？也许太哲学，对方无语。

在顺德，广州是外面，在广州，上海是外面，难道一定要把所谓的外面都跑一遍？还有，你凭什么到处看看？路费谁出？好，路费你有。那大学毕业了该帮父母分担一些家庭责任了吧，你拿什么给父母？万一父母有些小病小灾的，你站在旁边干瞪眼？

我不是拜金主义者，那个著名的鸡汤发布者，是个女孩，是个老师，工作了几年之后才想去到处看看的，看似随意，其实是心里有底好吧。

还有，作为一名产品设计师，有必要去外面看看？就我的经验而言，要想成为优秀的产品设计师，可以到模具厂历练一下，了解模具和材料，也可以到生产企业待一段时间，学习一下生产工艺和流程，学点销售技巧，更应该时时以孩童的心态对身边的事物保持好奇心，了解原理，分析现象，找到需求。

真正要多走走、多看看的是哪些人呢？文学家、政治家、艺术家等，需要通过自然风情和社会百态找到感官刺激从而激发自己的那些人。

还有，到处走走看看就能阅历丰富，就能心怀天下吗？从自己活腻的地方到别人活腻的地方看看就体验了世界之大吗？如果这么说，那流浪者和乞丐应该成为你的偶像！

不要误会，和他说那么多并不是想挽留，但凡有走的心，我就不会去强扭那个瓜。

现在的年轻人（我也不老），自我过了分。大部分得了两种病：一种是红眼病，看到他人二十多岁就身家多少多少，开辆跑车狂飙的，自己就没心做事了，觉得快速地通过所谓的努力，也能立即成为那种人。也不去查查，那个人如果不是“×二代”，就是有一颗超人的大脑，作为凡人，眼睛太红，还得自己掏钱去买眼药水。另一种就是老花眼，看不清自己、看不清旁人、看不清社会，自怨自艾，方向不清，目标不明。

说了一大堆，好像因人离职我成了怨妇。

其实不然，只想说明一下自己的观点：心之外，就是外面，守住自己的心，才能心怀天下；先苦自己，让亲朋及旁人因自己的付出而获益，往往获得超出预期；人生无非是先苦后甜还是先甜后苦之分，也许是说某件事、某个阶段，也许是一辈子。

2017 年 6 月 9 日

远山　油画

听课

在大学里，我学的是美术专业，对人体构造、色彩对比等费时多多，所获有限。也曾暗暗立志成为一名画家，但“师蠢徒笨”，所作平平，又无名师指点，家底也薄，进入社会后，只好改行做了一名平面设计师。好在有美术功底，开头不错，但从业不久，就发现这一行业门槛较低，收费也低，对我而言没有什么发展空间。

经高人指点又改行做产品设计了，别人是艺高人胆大，我却是无知者无畏，自信满满。但几单下来，从客户的表情上我就看出自己的无能了。也是，材料、工艺、市场等都是我以前未曾听过的，怎么办呢？只好先免费设计，然后再厚着脸皮向客户问这问那，好在有贵人相助，有几个客户对我可算倾力相助。

我就像金庸小说里的某位主人公，被绝顶高手私授了几招就开始在江湖上崭露头角。凭着那几招，我收获颇丰，集品工业设计的团队也壮大了，但客户对我的要求也越来越高，我又开始力不从心。

怎么办呢？我一拍大腿：学吧！各种院校的课程成为我的首选，但几番下来，钱花了不少，人却更呆了。只好再次求教于高人了，高人说："就在你身边。"什么意思？自己琢磨去吧，反正我懂了。从此，只要是能搭上话的，不管对方是什么性别、什么职位、什么年龄，我都不厌其烦。就这样几年下来，在下也成了别人求教的对象了。

沾沾自喜没多久，随着服务对象层次越来越高，所需的服务也越来越深入，产品研发、成本控制、产品营销、品牌推广、渠道建设、团队管理等都开始需要我"指手画脚"。更要命的是网络营销这个新生事物也亟须我去了解，正好天天接到各种培训、开课的电话，只要有空，我都尽量参加，不论对方如何遮遮掩掩，总会漏点口风的。

印象最深的是穿着拖鞋来上课的张晓岚所讲的中国本土化市场营销模式和单仁咨询所讲的网络实战营销技巧，一个是传统营销，另一个是全网营销，虽然都要花几万元学费，但我认为，物有所值。

打住打住，说到这里，各位有可能认为我是一位好学之士，太抬举我了，这一切都是逼的，不进则退而已。但有一点我就不清楚了，明明不懂你怎么不去学呢？问长辈、前辈、同学、同事可以吧？还不行？那只有一招了：听课去。

2013 年 1 月 18 日

外甥狗

恰逢国庆长假，小姨子一家从上海过来，这边岳父岳母二人一直在帮我照看小孩，帮衬家务。亲人来了，免不了嘘寒问暖，其乐融融。小侄儿还未满一岁，其母亲引导他说了几句外公、外婆，小孩嘴里自然是咿咿呀呀不知所云，但外公外婆欢喜不已。于我而言，没热闹可凑，便了然无味。平常自己的孩子也经常外公、外婆地叫喊着，我认为应该如此，但今日好像不同，小姨子两夫妻以其儿的身份问候父母，外公外婆四字却震我耳膜，深印脑际，这是为何？

许是常日里小孩子的童音习以为常，今日两位大人的声音叫出了口，似我这般，犹如自己在呼叫，然我的外公外婆定是听不到了。我很久没有呼唤过他们了，不论是从口中还是从心里，连他们的音容身貌均已模糊不清，想来他们也应该离我很远，今日呼叫两声又有何用！我真是，怎么形容呢？此时，外婆曾经哼唱过的一首童谣却清晰起来：外甥狗，外甥狗，吃了没良心，这家吃完那家走……

母亲有七姊妹，她是老幺，而父亲这边是三姊妹，父亲老大，奶奶在父亲成亲之前就早已去世多年，所以我没见过，爷爷倒是健在，但耐不住壮年丧妻之苦，也抛家弃子成了别人家孩子口中的父亲，所以我想见却是不常见。到我弟弟出生之后，爸妈着实为难，当时我还年幼，叔叔、姑妈也均未成家，就这样，我被送到外婆这边抚养。

外婆家是青砖瓦房，当时我觉得房子很大，青石凿成的台阶及门槛都很高，进入以后光线较暗。房子分左中右三部分，左右对称，均有厨房、饭堂及两间通房。中间部分即大厅，上席（神台）木板墙后面只有两间，用作厨房和饭堂正好。整座房子里很拥挤，也很热闹，我和外公外婆吃住在左边，大舅家在右边，三舅家在中间。当时表哥表弟与我年龄相近，白日里大家打打闹闹，很有趣。特别于我而言，更是无法无天，以做客的身份寄居在外婆家，但小孩不懂这些，每每打架，不论是因何而起，我最多得到口头教育，但他们却都是皮肉之苦。

但到了晚饭时间，就我和外公外婆三人，在厨房里有个小方桌，靠墙摆放。饭菜一般是很清淡的，但一定会有个荤菜，因为外公晚饭要喝酒。小孩贪嘴，每每我筷子里夹的菜较多或把筷子伸入荤菜的碗中，外婆就会轻声咳嗽几声，如若还无效，她就会拿筷子轻轻地打在我头上，不过此时外公已经把我要吃的菜放入我的碗中。除此之外，在饭桌上我还学会了一些礼仪：吃饭不能大声说话，夹菜不能夹离自己较远的碗里的菜，有客人来小孩必须离开饭桌，有好菜必须让长辈先吃等，现在依然记忆犹新并适时遵守。

晚饭过后自是最热闹的时候，那时的小孩好像没什么作业要写，大人们也有许多的话要讲，他们三三两两地扎堆聊天，而我们则整个村子到处跑，东家进西家出，畅通无阻。或是聚集到村旁野地里，追着萤火虫四处跑。若是碰到守瓜地的老尹不在，偷几个香瓜分抢着吃了，有的没熟，那第二天肯定拉肚子，且粒粒瓜子清晰可见，成了老尹追骂的证物。夜深了，大人们高声呼叫着自己的孩子回家，我也能听见外婆的声音，于是赶紧别了伙伴。

我和外公同睡一床，外婆则在前面那间，两房直通。外公这间除了床还有木米桶、大衣柜、方桌，有个小窗。外婆那间没窗，除了床和两个木箱之外没什么物件，但有个较大的木尿桶，因此房间里弥散着尿骚味。晚上尿急，半睡半醒时被外公抱着或扶着来到外婆的房间撒尿，咕咕咚咚之后又进入梦乡。除此之外，外婆的咳嗽声、外公抽旱烟的烟味、外婆买的奶油瓜子的香味、外公带我到集市看戏的喧闹以及夏天外公拿着大蒲扇帮我扇风的情形深深印在心里。

到小学三年级，我便回到了父母身边，我家也从乡下迁到县城。父亲在大马路边租个木棚做简单的汽车修理，母亲是帮手，偶尔也上街贩卖。我开始和两个弟弟同住，并且担起了大哥的责任，开始洗衣做饭，寒暑假里要帮父亲做事，除了春节我很少会去外婆家。不过外公和外婆倒是偶尔会进城来看我，他们会把自酿的酒药或纸扎的祭品拿到集市上卖，因而我也就有了口福，零食或水果是不会少的，但我已是家里大哥，所以吃得也少。

转眼到了初中，突然传来外婆病重的消息，我每天要上学，想去看看，家里不让。妈妈去看过，说并无大碍，我也就释然了。有一天，我中午放学回到家中，看见外婆坐在一楼过道的藤椅上，头发灰白，两边颧骨高起，眼神无光，见我来了，轻轻唤了一声，刹那间我的眼内疼痛，赶紧冲上楼去。此时我才清楚，外婆已得重病，已无法救治。县城只有我家在，舅舅们就决定让外婆留在县城，会诊及用药方便。我也无能为力，只想好好报答，但具体却无事可干，因洗衣喂饭、端汤倒水母亲均不要我插手。好在当时我已学习绘画，于是让外婆斜躺着给她画了一张素描，外婆连夸我画得很像，我也就有了些许安慰。

外婆终究还是走了，很普通的乡村老妪，但于我却不同，她慈祥、节俭、善良，出殡那天我很伤心，她是离我而去的第一个亲人。

自外婆去世后，外公就明显消沉了，舅舅们都已搬出那座老房子在周边另立新居，但外公还坚持一个人住在老房子里，而且开始大量喝酒，经常哭。在我的印象中，外公经常骂外婆，我也一直认为外婆可怜，没曾想外公竟会如此。在我读高中时，外公也病倒了，去南昌治过，送回家里时已骨瘦如柴，没几天，他也去世了。外公总是沉默不语地扎纸马、做一些花花绿绿的祭品，偶尔带我去野外采一些绿叶回来，与糯米粉混合制作成酒药，他最喜欢在许多老头面前伸长手臂再屈肘回来，用他二儿子送的那款手表告诉别人时间，同时大谈在南昌工作的二儿子如何如何。

他们都离我而去了，他们所给予我的也许是很普通的关怀，但留在我心里却沉甸甸的。我无法回报他们什么，当时的我没钱、没主见、没阅历、没时间、没闲言给予他们。现在，我可以请他们吃顿饭、为他们买服药、为他们添身衣了，可子欲养而亲不待！就让我这只“外甥狗”把你们好好地放在内心最深的地方，好好珍藏，让我的人生旅程里永远有你们陪伴。

外婆家在永新县龙门乡四栋屋村。

2011 年 10 月 4 日

玩艺术与做设计

艺术与设计，好像国内有一本以此为名的期刊，不知现在这本杂志是否停刊，但国内与艺术和设计相关的人及事反正越来越多了。

先说人吧，国内近几年大专院校艺术与设计类的毕业生总数从来没低于过 30 万人，人多事就多吧，因而设计公司、设计师越来越多，艺术及工艺市场越来越火爆，艺术品价格越来越高。打住，这个好像和我说的话题没关系，炒作的结果，差点偏题了。最近也不知道是怎么了，自己的注意力总是无法集中，时至今日提笔写这篇文章时才隐约感觉找到了答案，果真如此吗？还是快进入正题吧，不然又偏了。

学艺术的以后是否可以成为设计师，这个很难说。做设计的要学艺术，这点好像是个共识，但也不一定对。艺术是什么？设计又如何呢？

中国改革开放以后，由于要做些东西出口，所以制造业迅猛发展，不仅赚了钱还赚了面子。国家富强了，老百姓也有钱了，于是部分人对衣食住行各方面就开始有要求了。中国低端制造业的产品不仅出口没竞争力，连国内的消费者也看不上眼，这时候设计师或有艺术修养的设计师就粉墨登场了。

唉，终于绕回来了。郑重声明，我学过艺术，现在也正从事设计行业。在做设计案例之余还一直没撇下自己的画笔，久而久之我得出一个观点：艺术要玩，而设计得踏踏实实地去做，区别很大。

大部分中国人由于中国式的思维模式长期占据大脑，习惯对仗式的言语表达，习惯二分法的判断方式，非此即彼，上下、左右、好坏等。老祖宗留下来的东西在艺术与设计领域捆住了许多人的手脚，让其无法前行。

我们喜欢否定，中国任何一个朝代都是否定前朝，因而中国会出现故意毁灭前朝建筑的现象，而且出现隔代修史才能客观的特点，不会包容。另外，中国人热衷参与，国情小事，只要热闹就喜欢钻进去，不说话，看看也行，但有一点，看多了，听多了，大脑就不是自己的了。这些和玩艺术或做设计有关吗？告诉您：关系非常大。

中国人并不缺乏艺术修养，也不缺乏设计创新能力。我的观点是：不论是农夫还是村姑，只要是有自主意识、有动手能力的，每个人都是设计师，每个人都是艺术家。不是吗？

中国的瓷器、玉器、木工、织造等，哪件不是普通工匠弄出来的？他们可以由感而发，就地取材，天马行空。

然而时至今日，由于到处都提倡学习国外先进经验，到处都要与国际接轨，导致我们的艺术与设计从业者将国外的点点滴滴奉为教义，将普普通通看作经典。我们小心翼翼，却不管怎么做都好像无法超越。当国外友人对我们老祖宗的东西叹为观止时，现代的我们无所适从，自卑心却无限暴涨。

慢慢地，又出现了中国设计不如外国的论调了，而许多中国人凑热闹的习惯不改，频频参加由外国设计理念或审美眼光主导的各种竞赛，得奖的就得意忘形，没收获的就心灰意冷。何必呢?

玩艺术与做设计有两种方法，即跟随与超越。最基本地，我们必须研究特定群体的价值取向与审美及生活需求，主动融入大环境的潮流之中，做出来的东西能随大溜儿，即符合时代需要。

而更高一个层面的要求是，一个优秀的或出众的设计师及艺术家必须是一位自由、独立而冷静的旁观者，跳出社会大意识对我们的影响与限定，与天地万物交流，找到由心而生的感觉，去重新创造一个新的环境，引导需求。

玩艺术很玄，做设计很累，收入不高，而且经常是未成名时心先死，慎入!

2011 年 8 月 7 日

我的客户

很早的时候就想写这么一篇文章了，为什么想写，原因有很多，算个小结，或者是为了感激。从 2000 年就业到如今，已和成百上千的客户有过合作，有愉快的也有烦恼的。有的目前名字忘了，容颜也模糊了，有的十几年依然往来频繁，已成老友。

刚到顺德，我懵懵懂懂就成为设计师了。我这个设计师一开始是不称职的，但当时还自以为是，满肚子的抱负，满腔的热情，现实却是屡屡受挫。至今不敢忘记两个客户，一个是湖南的谭总，另一个是顺德本地的何总。

先说说谭总吧，我个人把他当成知己，他给我的鼓励与支持是很大的，特别是当我迷茫时，总是请教于他，他会给我很中肯却又很准确的方向指引。这个人比较睿智、谨慎。我还从他身上学到了一种品质：善于表扬，从而改变了我的性格，让我对家人及员工不再那么苛求，变得更宽容了。

而顺德的何总，是我公司业务开展的主要影响者，通过为他设计的产品及广告推广方案的成功，我获得了更多客户的认可与支持。何总谦虚、勤奋，身上有创业者可贵的胆识与坚持，曾经为了配合他的产品开发，不厌其烦地修改，当时认为是他挑剔，现在看来是由于我们的不专业。何总给了我们指导和鼓励，特别是他的勤奋，对我有深远的影响，让我时刻不敢懈怠。

这两位与其说是客户，不如说是我的良师益友，更是我事业发展中的贵人。

再说说另外几位，由于是自己的直观感受，也不知道评价是否适当，所以用英文字母来代替他们的称呼，这样我也敢大胆地说出来，以免误解。

A 总是东北人，年纪是我的父辈，记得当时我们为他设计电磁炉，他很喜欢坐在设计师身边出谋划策，但又时常更改自己的初衷。我几次把他拉到休息室喝茶，但他总是溜出去看看。设计师不胜其烦，甚至提出放弃，我也不胜其扰，对 A 总当面指出其不当之处并训了他一顿。A 总开始惊愕，后面还是把我的道理听进去了，没过两天，设计师的方案让他很满意，产品也大受欢迎。A 总托人从俄罗斯带了黑咖啡转赠于我，我始料未及。

B 总是湖北人，企业不小，人不少，但我们的合作不愉快。受其委托设计两款燃气灶，由其事业部的主管签合同，预付款给得爽快，方案确定也顺利，但确定方案后收余款却出现争议。由于临近春节，B 总只愿意支付一款方案的设计费，另一款说是等年后确定开模具时再支付设计余款。我当然不愿意，因为根据双方协议，只要是确定要采用我方的方案，企业不论是否开模具、什么时候开模具和支付设计费是不关联的。况且中国人都不喜欢新年了还有账在外面没收回来。B 总竟然发飙，说方案不要了你看着办吧。我能怎么办呢？以前确实为了设计费的事和客户斗得不可开交，但现在年龄大了，不愿意再为了这点钱搞事，更不愿意让别人看笑话，但气愤难平。

过了一年，B 总重新聘请了一位营销副总。那位副总竟慕名带着 B 总到我公司谈产品开发事宜。B 总进门时估计没仔细关注公司名称，但当看到我坐在办公室时尴尬不已，借打电话为由转身离开，让那位副总莫名其妙，我则忍不住笑出了声。

C 总是香港人，与其业务合作并不多，但印象深刻。他是个画家，在法国留学二十余年，与赵无极往来，后在香港开办艺术培训中心及画廊，到顺德则从事园林实业。他每次从香港过来都是轮渡，然后打的到目的地。每次聚餐，菜品极少，穿着随意，言语谦卑。后来了解他在北京还有做光碟的实业，在法国也有实业，家底丰厚，但其表现，全无平常所见富贵主家的做派。

D 总是广东人，做即热式热水器的，从他选址开厂我们就合作，其品牌的 VI 系统、产品的定位及营销模式等，我都尽力服务。D 总也客气，经常带着他的老婆到我这里问东问西，谦虚谨慎，合作了一年，效果不错。但后来的发展让我很郁闷，D 总竟然停止与我合作，和我这边辞职出去的一位设计师成立的设计公司开展合作，主要的原因当然是设计费便宜。我很失望，觉得他缺乏精品意识，更后悔以前给他提出了那么多的免费建议。

随着时间的延续，我还会面对更多的客户，不论如何，我都从心底感激他们，也会继续为他们尽心尽力，献计献策。

2014 年 3 月 24 日

文字的堡垒

曾几何时，我的一些文字在某个小刊物上形成了一个豆腐块，我激动不已。后来，为了生计，把文字闲放在一边，但文字就像杂草，疯长，占领我的心肝肺。每每夜深人静的时候，文字就不请自来，在我的大脑里自动排列，自我架构，精彩无比。如果顺从它们的大胆入侵，注定当晚无法入眠，为了自己不被全部占领，只好关门拒客。然而，我又会时常懊恼，埋怨自己的无情，为何不迁就一下，辛苦一点，把文字中的我请出来，好好聊聊，虽然睡眠没有着落，但心应该会更安定一些。

最近在看马原写的《逃离》这本书，主要记述的是他身体出状况后在生活以及思绪方面的一些变化与收获。因为身体康复的原因，中断了十几年以后，他重新拿起笔，又进入了他写作的新阶段。而我，正好相反，由于身体原有的不好，虽然有了改善，但害怕常常迷陷于思考的泥潭无法自拔带来的对身体的损害，而止步不前，因而丢失了许多可以让自己释放、让自己发泄或者骄傲的文字。

于是，我选择了绘画来排解一些情绪。油画本身的魅力是显而易见的，在我的家里以及办公室的墙壁上，每每看见我的油画作品的，也会赞叹几句，油画成为我炫技的载体，我因此获得不少满足。但当一个人独处的时候，当自己因某些事物而有所感触的时候，油画或书法对于我需要发挥和表现的对象就苍白无力了。画面可以欣赏，但没必要揣摩。而文字可以洋洋洒洒、一泻千里或者辗转委婉，可以思考、可以隐晦、可以爆裂、可以咆哮等，适合任何思维、任何情绪。

所以我依然坚持对文字的偏爱，油画是我的正妻，文字就是我的小妾，书法则像艳遇。

这就是我和文字的关系，我时常用文字构筑自己的堡垒，在这个堡垒里我有时像一个孤独的国王，有时成了骄傲的公主或悲情的剑客。文字于我而言，就像毒品，绘画就像春药，渴望与抗拒，乐此不疲。

2015 年 12 月 17 日

我的四十岁

离四十岁还有三年，时间很快，有点恐慌。

自己曾经非常期盼三十岁的到来，认为男人到三十岁才像那么一回事。不论心智、才情、认知、经济等各方面都会有所变化和积累。男人成熟较晚，也许到了三十岁才会真正像个男人，但现在面对即将到来的四十岁，心里的惶恐又是从何而来呢?

回想自己三十岁前的一些设想：一个立足之所，一份解决自己生存问题且能对父母经济方面有所回馈的工作，几个交心的朋友。为了这个，我没日没夜，不经意间，三十岁已经过去，茫茫然，也就无所畏惧了。

现在我有个计划，希望在四十岁之前，开一次画展，出一本书，做几件消费者褒奖的产品，最好有一个以后能长期从事而不会心烦的事业。也许是所求太多，心里不免打鼓，万一没有实现，自己将会如何？曾经无所畏惧的，现在开始担心，不是怕真正的失去，只是，这些失去会让自己落寞，因而心酸。

也许我没必要为自己的四十岁设定什么，年纪尚轻，变数不少。但自己的性情如此，对人生思考太多，对生死看得不重。只认为自己每个年龄阶段，都应像那么回事，能做到每个阶段应有的优异表现，而不留后悔之回忆。在四十岁前，我不打牌，且不能大腹便便，不能在有人对我挥舞拳头的时候向后退缩。

四十岁前，我必须尽可能地把时间分配给家庭、公司，尽可能地为家人、员工以及合作伙伴谋取福利，尽可能地对待每次合作从而赢得认可，等等。

但四十岁以后呢？我该如何？

有一点是清晰的，我要尽可能地为自己留些时间了，做一些没什么利益但自己喜欢做的事，拒绝一些自己不喜欢接触的人。

四十岁的我并不是现在的我的反面，并不是一个矛盾体。无非是多一些自重，少一点轻狂。多一些取舍，少一点担当。多一些豁达，少一点刻意。也许会睿智，也许会愚钝，顺其自然而已。

此文献给即将四十岁的我，以及四十岁的你和他（她）。

2015 年 7 月 27 日

您养狗吗

在小区散步，经常看到一些邻居牵着小猫小狗在溜达，偶尔还会有人问我：您养狗吗？平时还真没想过这个问题。在我住的小区里，各种乖巧的、秀丽的、洋气的、雄壮的狗儿比较多。我见到它们的时候，脖子上拴着绳子，被主人牵着，慢走着，各得其乐。

可不知为何，小区里的狗儿们到了晚上总会莫名其妙地狂叫一通。特别是我家隔壁那栋楼，一楼某君家里的那条狗，黑色、中等个头，经常被拴在院子里的栏杆上，身上很脏，这些都不讨厌，最可恶的是有段时间这条狗不论白天、黑夜总在叫唤。偶尔有人从院子旁边经过，这条狗就会发癫一样，让人落荒而逃。

最可气的是深夜，我睡得好好的，突然会被急促的狗叫声吵醒。我本来睡眠质量就不高，偶尔楼上小夫妻的动静大了一点都会把我吵醒，何况狗的叫声穿透力那么强。

所以，我开始考虑这个问题：我能养狗吗？如果养，该怎么弄？

其实小时候我家也养过狗，一条土黄狗。那时候基本家家户户都养狗，也许现在城镇里的人的居住密度很大，但农村就是猫狗的分布密度大了。

乡下的狗儿们好像都有一种本事，只要是本乡本土的，它们记得每个人的味道，即使你夜晚从哪家门前过一下，狗儿们也不会乱叫唤的，但要是来了外乡人那就另当别论了。

但不知为何，现在城镇里的狗儿们，有的懒洋洋，谁都不理，有的故作凶样，让旁人一时无法近前。它们居住空间狭小，狗粮虽然精致但口味单一，若有的主人脾气古怪，狗儿也会郁闷。

虽然平时被主人牵着遛弯儿的时候都是油头粉面的，但有的狗儿精神头却不太好。更可怕的是，碰上主人连续几天不带自己出门的话，那憋屈得就相当难受了。

想想还是在乡下养狗自在，虽然狗儿们平常都是吃主人的剩菜剩饭，但自己去打牙祭的机会还是很多的，想吃什么就自己去找什么。还有一点就是玩伴多，看上了谁，想在哪里交配都没问题，拉都拉不开。况且主人去哪里狗儿都可以跟着，即使碰见邻家大婶的小孩刚在门口拉的大便，大婶也会让狗儿来饱餐一顿，这样的狗儿能不快乐吗？

所以，快乐的狗儿只会在月满的时候，学着祖先的腔调叫唤几声，在空灵且安静的乡村却是另一种韵味。

我也想养狗，但怕居住条件不好，让狗儿们太憋屈了。憋屈的狗儿叫唤像在抱怨甚至哭诉，这我可受不了。作为主人的我，又不能下手打它，但我听到那种叫声就会生气，所以，还请先原谅我吧，暂时不在家里养狗了，谁让我生活在城市里呢。

您养狗吗？这个问题要好好思考一下。

2012 年 9 月 28 日

一天很累

我一般是早上七点多起床，睡眠好的话，也许会晚一些。所谓的睡眠好，是指上半夜完全浅睡状态，而下半夜特别是临近天亮的时候又睡得很沉。如若整夜无眠，那反而会起床更早，眼睛很痛。有个妙招，走到客厅，斜躺在沙发上，看会儿电视，反而很快就会入眠了。但是，老婆要送小孩上学，噪声不说，也不想让孩子看到自己躺在沙发上那慵懒的形象，也就只好挣扎着起来了。

唉，真不知道谁规定的，小孩要那么早上学干什么？还有一点，我要是睡个懒觉不去上班，究竟会对不起谁？无解。

到了办公室，先清理茶台上的茶具、烟灰缸等，接着开电脑，对着电脑屏发一会儿呆，想想一些事情的安排。也许昨晚辗转反侧难以入眠就是在想一些细节，但上班了，想执行到位还是要继续深思一番的。顺利的也就罢了，难弄的也许还得自己动嘴、动脑、动手。

于是，某件事情按照自己的设想开始进行，有点思如泉涌、才华横溢的感觉了。但是，电话、QQ、微信、邮件等，这些你找得到别人、别人也找得到你的工具或方式接二连三地响起、出现，应接不暇。真郁闷，特别是一些陌生的号码和朋友信息，不接，显得自己没礼貌，接吧，十有八九是无聊。

真羡慕古人啊，舟车劳顿地就是为了见一个朋友，或者是为了说一件事情，也许由于交通不便，还可以留下高山流水一番，诗情画意不说，友情也因此更深。现在呢，左一个朋友，右一个哥们儿，结识太轻易，相处太随意，珍惜的不多，起利的不少。想想，头痛。

如果手头没什么急事，往往自己泡一壶茶，这个习惯还是以前替客户设计电茶炉、茶盘的时候开始养成的。当时恶补茶道知识，学着品茶，好在这个习惯不错，也就一直保持下来，十几年了，各种茶，各种档次，不挑，很好。

也许会有客户或者好友到访，三三两两的，各种话题，各种观点，我是有一说一，有二说二，知无不言。也许脱口而出的是建议、是创意，本来是吃饭的家伙，也就无价而出了，没有什么回报，图个痛快，要是某些能帮到别人，岂不快哉。当然，对一些揣着明白装糊涂，或者自以为是的，我也会止言止语，太累。

要是闲来无事，在办公室看看书是最好的选择，但这个好事，往往会因故中断。

当然，有来有往，去拜访客户和朋友也是很重要的安排，新客户新朋友，出于礼貌，必须按约前往，老客户老朋友，当然随机到访，见谅见谅。近些年，心里也有些顾虑，出于培养团队的考虑，新客户尽量让公司的相关负责人去拜访，也许某位会觉得我摆架子，其实是错怪我了。老客户嘛，跑的也没以前勤快了，特别是很久没找我做生意的，我怕贸然去访，人家还以为我上门拉业务呢。咳，难做，还是我想多了？

好不容易，熬到下班了，到家之后，我很自觉，做些家务事，和谐家庭，也为了锻炼身体，呵呵。

以前，晚上会写点东西，但往往影响睡眠，所以，近些年故意看看电视，嘻嘻哈哈就到要睡的点儿了，酣然入睡或一夜无眠。

一天好累！

2017 年 8 月 30 日

我的游记之黄姚连南

许久没写过游记了，这几年去的地方本就不多，且来去匆匆，所看所想投入不到位，也就算了。去年去过广西的龙胜，龙脊梯田那里，感觉很好，感触颇多，本来计划回来后好好写一篇游记，但杂事太多，一忙也就忘却了。

确实，忙是我们现在许多人生活的主要状态，不得不忙，但为何如此，深究下去就没趣味了。

这次旅行，成行原因很简单，小孩放暑假了，父母也在身边。常言读万卷书不如行万里路，知行合一嘛，于是践行一下。根据去年去龙胜的美好印象，这次我选了广西贺州的黄姚古镇和广东清远连南的南岗瑶寨（又名千年瑶寨）。不同的风土人情，希望会有新的感悟。

到黄姚是正午时分，镇子新建的街道正好在铺石板路，两旁新建的房子表面也在做旧，仿古施工，闹哄哄且乱七八糟，心情一下子就不好了。

好在前来迎接的客栈老板热情，带我们离开新街进入古镇，刚进门洞，立即被青砖、青石板、青瓦形成的氛围感染，不禁欣喜起来，这种感觉正是自己向往的。

客栈的坡下正好是一处古井，根据饮用、洗漱、洗衣等不同需求，依据水流方向分成几块不同的小水塘，古朴又实用。我觉得，正是先民的智慧以及对自然事物的敬畏造就了古镇现在这方天地。

亦如去年游过的龙脊梯田，当我站在山顶，除了感叹天时地利、天人合一，更敬佩当地先民的勤劳与坚韧。而当代的我们，又能为后人留下什么呢?

坐竹排游河，到特定景点看看，吃一些小吃等，到一个地方，一切都是新奇的，连当地人懒懒散散的回答，狡诈的讨价还价都可看成是一种风情。也许是错误的解读，但确实给我这种复杂的印象，古镇的古，处处可见，奇也偶尔出现。

走累了，坐在一个古民居门口的石板上，看着形形色色的人穿梭在阳光下的光影变幻中，忽明忽暗，忽远忽近，摆在门口售卖的真真假假的类似古董的工艺品和所谓的土特产，流着满头大汗的我有点烦躁，古镇如此，社会如此，人心如此，莫名其妙的感触。

黄姚古镇比阳朔少了一些喧闹，多了一点宁静，但龙脊梯田比黄姚则多了一分真实。

第二天，按计划驱车前往广东清远连南县内的南岗瑶寨，进寨的山路十八弯，缓慢却又有点刺激。也是正午时分到了寨门口，没有期盼的什么拦门酒，没有歌舞，没有盛装人群，一切都显得平淡而平静。由于无法提前预订，我空手在寨子里面四处寻访，最终在一名唐姓村民家里订好了当晚的住处。

我不想烦琐地说自己和家人是如何来回走了上千个台阶才把行李放到住处，更不想招人误解地强调住处出乎意料的简陋和无奈。我只想说，进入寨子后我开始有一种莫名的责任感和负罪感，虽然寨子里的老人高价向我兜售煮熟的玉米和花生，我欣然购买，虽然房东的房子根本不是我的首选，我完全可以去不远的县城找一个更高档一点的酒店安然入睡，虽然我知道房东父子做的饭菜肯定不会出色且费用不低，但我依然决定当晚就在他家就餐，我希望所做的一切，尽可能地减少一点自己的不安。

整个下午我四处逛到处走，并偶尔停下和当地人闲谈，了解到这个寨子原住民有七千多人，而现在据我观察只有几百人，听说大部分村民选择在山下另择住处，留下的只有老弱或一些从事商业经营的人，寨子前几年才通电，现在都还没有网络。寨子除了主街还算规整，处处是无人居住破败的老屋，老屋内粗壮的立柱和房梁、熏黑的墙壁、鲜嫩的苔藓，让看惯了高楼大厦的都市人，有种时空穿梭的感觉。

我理解了寨民的逃离，虽然我希望他们坚守，但因他们坚守贫困而造就的寨子所谓的繁荣又有什么意义呢？对于都市人而言，不过是一个古朴的景点而已。况且大部分的游客只是选择观看而后迅速离开，不愿留下住宿，没有品尝饭菜，没有和他们攀谈，没有真正体验和体会，没有给他们曾经驻足的地方提供有限的帮助（门票是承包方收取）。唉，我所做的也不一定好，也许是我多虑了吧。

又是匆匆忙忙，又是一路奔波，游玩时的惊喜与归来后的落寞交织，很开心，也很“伤心”，不成游记，只作记而已。

2016年7月31日

農家飯

我是设计界的草根

昨天，办公室到访了一位老熟人，2004 年我给××电器公司设计电压力锅的时候，由于当时自己不懂压力锅的结构设计，××总带了一位同事过来，我称之为肥仔，因此事我们相识，但是泛泛之交。昨日，他提了几个电饼铛过来，原来×××在他那里贴牌，多年不见，他也进军实业了。

所聊的事情无非是设计行业以及家电行业，突然他提到一位顺德设计同行，在××星设计公司，说此人目前发展不错，言语间流露出佩服的神情。但我不以为然，并非我狂玩或目中无人。此人原在××设计公司做外观设计师，2006 年某月来我处应聘，一个移动硬盘里竟然有上百款产品说是他设计的，当时我表示怀疑并没有接纳。谁承想和××设计公司的老板闲聊到此事，他竟恨得直咬牙根，原来那位李××竟然违背公司规定私自拷贝一些不是他做的方案应聘。还好没让他加入集品，当时的我不禁唏嘘不已。

肥仔和××电器公司老板的关系不错，自从 2004 年合作完成电压力锅后他还帮××电器公司做了其他产品。我也一样，应该是 2008 年吧，××电器公司突然实施品牌战略，一下子做咖啡机、高档压力锅、水壶、冰箱等许多产品，并且请明星代言，轰轰烈烈。据说，新的营销老总是从另一家电器公司过来的，能力不错。

通过比对，××电器公司当时确定了集品以及××星设计公司一起比稿，我知道李××的设计团队和他个人的设计能力，所以也没怎么把他放在眼里。但很奇怪，我们竟然一款产品也没中，而且，对方开出的设计价格比我们高许多。后来才知道，那位营销老总竟然是李××的亲戚，把我当枪手了。

说到这里，我不禁联想到自己刚来到顺德创业的前几年，为了扩大影响力，我四处找科龙、美的、格兰仕等大企业，为它们设计产品，并同意在不收预付款的情况下和其他公司比稿。总的来说，败多胜少，当时我非常怀疑自己的能力。但当我真正人强马壮的时候，我又开始杀回这些大企业，这才搞清楚一些问题，熟人、哥们儿、同事、亲戚等，都是我当初失败的根本原因，因为那些我都没有。

想想也是，顺德的几个大的设计公司，其老板要么是那些公司出来的，要么有亲戚在某个部门任要职。所以我不得不调整方向，将中小企业作为我重点服务的对象。

许多中小企业的老板都是实干家，也许规模不大，但他们肯定在某些方面有过人之处，让我受益匪浅。我并不是学设计专业的，但为中小企业提供设计服务的同时，我了解了模具制造、材料工艺、产品推广、营销等。

自我感觉直到 2008 年，我才敢在一些企业老板面前就产品开发、市场营销等方面发表自己的见解。

我就像一位书刊的编辑，把许多优秀作者的作品读懂并归结为自己的见解。现在，我不仅发展了一个稳定且优秀的设计师团队，还获得了许多老客户的一致认可，这些都是我宝贵的财富。

想当初，我孤身一人来到顺德，拎着一个旧公文包四处寻找业务，没有谁会给我好脸色，甚至还有被保安拽出厂的经历。而且当时我也请不起专业的设计师，手下只有从老家过来的两个徒弟，基本不会做什么。当有客户半信半疑给个小单让我试试时，我会竭尽全力去做，各个方面我都把它做出来，当交了一大沓方案给客户换回几百元钱设计费时，我会激动不已。

现在，一切都过去了。我一直将自己视为设计界的草根，这样的我必须尽力汲取各种营养才能直立于地，才能在设计界这个森林里有一席之地，我不一定挺拔，不一定枝繁叶茂，但我也许会成为奇花异草。

2012 年 9 月 15 日

设计部门同事合影（2017 年）

永远消失的叫卖声

今天中午没回家吃饭，想一个人在公司附近寻点吃食随便填饱肚子就是了，恰好300米处有个小市场，周边有几家排档。

广东风味的有炒河粉，但一般只作为早餐，东北风味的是各种饺子，但这东西干吃没味，再弄几个小菜倒是挺美的，可一个人也没这份心情。四川小炒以前经常吃，老板热情，价钱公道，几元钱一个菜，口味也不错，不过最近地沟油的报道让我望而却步，剩下的只有福建的沙县小吃了。

这是一家路边的小店，摆了 6 张条桌和一些零散的小木凳子。进到店里坐下，不见有人招呼，只好自己走到厨房递餐的小窗口，询问一番后要了一碗汤和蒸饺。店里的食客不多，不一会儿我的食物就上桌了，跑堂的也不说话。吃完、付钱、找钱，不见老板说一句话，虽说广东的秋天还很温暖，但心里已生冷意。

路边还有几个卖水果和杂货的小摊，见我过来，也没什么言语。本来是打算买点橘子带回公司给同事吃的，见是这般情形，连问价的精神也没有了。也许是到了中午吧，沿途回来的大小店铺都冷冷清清，除了偶尔从身边驶过的摩托车以外听不到什么声音，那些店主也不知是怎么了，有人从店门口经过连头都不抬一下，很是无聊。

许是世道变了，人的性情也变了，记得我小时候家乡绝不会如此。

老家在乡村，除了种稻田以外还盛产冬瓜、南瓜，于是农闲时我便经常随在母亲身后，走路翻越几座山后到县城卖一些蔬菜或其他农副产品。从出家门开始，就不断有认识或不认识、本村或其他村庄的人和我们打招呼。

到了县城更是热闹，大家会相互询问买卖价格，相互评价对方货物的好坏，言者大声无忌，听者笑闻不驳。见有三三两两的购物者走来，大家就立即高声叫卖，夸赞自家的东西，于是讨价还价，甚是热闹。

如果幸运，货物卖完天色还早的话，母亲就会带我去买冰棍，或在街边吃凉粉，反正所到之处无一不热情洋溢。特别是各行各业的叫卖声，即使在最嘈杂的地方，都能一一分辨出来，循声就能找到卖家，不论你是否购买，他们都会大大方方、大声大气地兜售。

即使是在村里，那些卖奶油瓜子、针头线脑等杂货的货郎，磨刀的，收鸡毛鸭毛的，弹棉花的都会隔三岔五地来村里吆喝，嗓音洪亮，腔调独特。

而一些小孩，则会跟着他们走完整个村落才恋恋不舍回家，运气好的，帮他们领路的话偶尔还会得到一些糖块，吃在嘴里，甜到心头。

然而近些年回到家乡，县城路宽了，楼多了，街道也整洁了不少，大大小小的超市、集市多了起来。进超市里购物时，商品琳琅满目，但除了防范的眼光和冰冷的商品标签之外，就是像流水线一般的购买流程，很无趣。

由于有了城管，所以街道边少了随意的摆卖，买东西只好去各种门店或集市，虽然还算热闹，但所到之处，店家爱买不卖的表情，少了独特的叫卖，少了真诚的招呼，更少了买卖之外人与人之间的情趣。

我所留恋的叫卖声，就这样不知不觉地消失了，实实在在地消失了。

2011 年 10 月 19 日

乡道 水粉

写些什么呢

晚上，睡得正香，忽然隐约觉得一些嘈杂的声音就在耳边，仔细听，好像是男人咆哮的声音，再仔细听，清醒了。

看看床头的表，凌晨一点二十六分，郁闷啊，我那可怜的、脆弱的睡眠，吵醒了就很难再入睡了。抱枕头、塞耳朵、捂被子，都没用，到这一步，只好做一位老老实实的旁听者了。

对面楼房里某户家里三个人三种声音此起彼伏：苍老的男声、急促的男中音以及悲怨的女声，夹杂着噼里啪啦砸东西的声音，为何如此，我不知道，我也不想知道，我只想睡觉。

好在两栋楼的楼距较远，噪声像飘过来一样，即便如此，也难忍受。要是我手里能夹支烟，嘴上也长了像鲁迅那样有型的胡子就好了，这样我就可以穿着长衫，站在窗前静静凝视对面，目光穿透沉重的夜色，嘴里不断吐出烟雾，在虚无缥缈中领悟社会现象的本质，或者在床边走走停停，静思人生的取舍。

如果对面的同类可以看到这番景象，该是多美的剪影啊。可惜我一直无法容忍胡子停留在唇边，更接受不了呛人的烟味，意境也就不能变成现实了，实在遗憾。

渐渐地，四周的一切恢复寂静，许多和我一样被惊醒的旁听者或旁观者也都酣然入睡了。而我，倒霉孩子似的，依然无法闭上双眼，一种莫名其妙的孤独与痛苦悄然涌上心头，想哭，双眼无泪。

要是我有所信仰就好了，可以按基督教的仪式，两眼一闭，手划十字，嘴里再来句 God Blesses。再不然像道教信徒那般单手立于胸前，口称无量天尊也便坦然了。可我只信因果报应之类的，算是佛教吧，但我不可能跪倒在地，口念菩萨保佑，有所求才有所佑，而我此时要求保佑什么呢？

反正睡不着，要不写篇文章，让思绪单一、集中一下，写累了也就可以好好睡觉了。

搜肠刮肚地想了一会，许多近日关注过的事物关键词一下子都蹦出来了：股票、歼-20、高铁、黄金、超女、家电、油画、石头、字体、红木、儿女、杨坤、收费……唉，写些什么呢？

一切皆如此这般，又有什么好写呢？难道写几个字后我真的能睡着吗？我到底是怎么了？别人吵架，我想这么多干什么呢？你们看到我写的这些文字，会不会也睡不着呢？罪过，罪过，我究竟在写些什么呢？

2011 年 9 月 17 日

写作有感

最近不知怎么了，特别想写些什么，于是关于企业管理、关于品牌建设、关于产品设计等，俱是有感而发，不过写作的过程却是经常提笔忘字。为了不中断思绪，只得以拼音代替了，通篇下来，犹如小学生作文，不由心生感慨，着实无奈。

从小我就有文学梦，也曾发表过一些文字，为了几元几毛的稿费兴奋不已。然而由于文学梦不能解决温饱，或者自己根本就不是吃这碗饭的料，于是在大学选择了自己的另外一个爱好——美术，开始进入设计这个行当。

毕业后才发现，作为设计师比作家更苦，不仅要有很好的审美眼光，还要知道材料、工艺、模具、生产制造、营销、购买心理等，条条框框很多，无法随性而为，无法有感而发。不过很奇怪，当自己完成了一个接一个的设计案例之后，晚上进入梦乡却依然思维活跃，在梦里组织文字，在梦里有了各种奇思妙想。

真羡慕有些朋友在梦里可以遇见神鬼狐仙之类，上天入地，也许我没有神通之灵吧。但梦里那些文字、画面、创意又让自己很纠结，在梦里无法记录，常常醒来之后感觉甚为珍贵。有时为文字精彩而得意，有时为内容奇特而独喜，但穿衣照镜之后却又觉得没什么了不起，不过如此，没什么好写的。

到公司上班后，繁杂事项立即占领全部身心，什么写作、文学啊被忘得一干二净。好不容易，吃过晚饭，电视上的内容却又那么诱人，辛苦一天了，放松一下也是应该的吧，为自己找的理由又来了。着实困了，洗漱干净，这时突然又有了提笔的念头，要不写几行得了，但也不能太晚了，不然会影响身体健康的。

细细列举下来，无法写作的境况确实值得同情，可内心却无法原谅自己，经常由于时日太久，许多感想、许多创意都遗忘了，拼命去想也无从拾起了。

长此以往，如何得了。闲看浮云半日，困品香茗一壶，现代社会的林林总总已让我开始品味孤独了，如果还不能用文字一述衷肠，那生死何异。于是终于下定决心，有感必写，却不料一发不可收拾，文思泉涌，终于痛快了。

其实，思绪犹如狡兔，不及时捕获，甚为可惜。而写作却如琼池美酒，越品越香，越写越有，不经意间，积稿尺厚，不时翻阅，就能常记于心、脱口而出。

2011 年 8 月 3 日

压抑与释放

许久的压抑得到一时的释放，就如春雷滚滚、黑云密布了许久，终于大雨倾盆了一样。其实我是讨厌大雨的，只是期待大雨之后的阳光明媚，不得已才忍耐。到底是期许释放还是坚忍着自虐式的过程，我自己也说不清。释放之后的感觉当然欢愉，但坚持的过程却难以忘却。

我的性情是慵懒的，但性格是上进的，于是在希望放松时，无形的鞭子却又经常鞭挞着自己，让我难以自拔，经常向自己妥协。其实这些妥协的外力很强，并不是我的内心。

我希望自己能有一个安静的下午，小睡之后自己泡壶茶，小音箱里放着自己喜欢的歌，这时候的我一定很惬意。或是读一本书，或是手握画笔，都是舒服的。去哪里寻这样的时空呢？我好像已经拥有，为何很少这样？我真不知道，许是获得与放弃之间选择的矛盾吧，那我现在应该还在选择获取而无法做到放下。

最近恰好在看两本书，一本是民国女子萧红的《呼兰河传》，一本是“90后”美女画家西茜的散文画集《爱莲说》。两本书都已看完。这部《呼兰河传》是看了很久的，每次看过，即使是一小段，都让自己很郁闷，很寂寞。我佩服萧红，一本小说东拉西扯，通篇的寂寞、无奈，让我受她感染，长吁短叹。西茜的散文和油画都是唯美的，就像她的容貌一样，不敢触碰又喜旁观，甚至滋生出些许嫉妒。

我也是唯美的，但缺乏决绝的意志，多少向世俗做出了让步，于是也就那么回事了，笔下出不来风行的文章，也没有精美的画片。其实，我是失意的，这种失意是自找的。有时候我刻意避开这种失意的感觉，刻意去寻找别人眼中的快乐，但我经常失败，快乐过后的落寞与自责让我很难受。

画笔与颜料带给我的快乐倒是真实与持久的，每每在画布上涂抹的时候，是忘我的。我向往甚至苛求这种释放，但我必须压抑自己，必须每天奔波迎送。我当然知道释放的快乐是短暂的，而压抑的煎熬是持久的，但我又寄望于通过自己坚持的加倍的压抑能够得到长久的释放，这会是梦吗？

2014 年 4 月 3 日

十一年就五十岁

我 1978 年生人，还差一年就四十岁了。前几天过生日，儿子忽然冒出一句话让我一愣：“爸爸，还有十一年你就五十岁了。”

这小子是想显摆一下自己的计算能力还是确有独特思维方式，我不得而知，可这句话着实让我郁闷了几天。为什么郁闷？自己也说不清楚。

今天突然有了解释：这句话代表了对事物的两种看法，关注现在还是展望未来。对吗？好像有点牵强，不管那么多了，心里释然。

从办公室而外望，便是轻轨站和高速公路，车来车往，川流不息。坐在办公室的我，成了相对静止。在闲暇之时，望着外面，脑袋往往一片空白，像是被这些景致夺了灵魂。

设计公司我已开办十余年了，从不清不楚到游刃有余，着实不易。目前也算小有成就吧，也看明白了这个行当的诸多不足。因而，从若干年前，我便尝试做点产品，做些销售，逛了一圈，现在又回到以设计为重心这个原点。不是其他领域我做得不好，而是因此更知道了设计的分量，知道了如何以设计为依托，以客户的产品为基础，从而改善以往单一做设计的缺点，扬长避短，与客户互利共赢，预想着有更大的发展。

如何不伤害设计公司客户的利益，如何打消客户对产品创新的一些顾虑，如何与他们真正长久地互相支持，如何让设计师获得更多的利益和更大的发展等，我想了许多，也做了许多，前进了许多。

在热燥之时，需要清凉；在摇摆之间，需要坚定；永远无法绝对平衡，也不会真正满足，需要取舍；现状和未来总是有一段距离，这种距离是一种遗憾，也是一种诱惑。或许真正得到的并不是自己预想的未来，又怎样呢？经历就好！

纷纷扰扰，乱七八糟，无所谓吧！每天都有热情满怀之时，也有失意落魄之刻，常态，习惯就好！

我是个莽夫，也算是个智者，自以为如此。许是一人多面，时刻纠结如何抉择。用专心做好设计，用良心做好产品，对员工真诚，对客户坦诚，但依然时常遭到误解和指责。努力平复心境，急脾气的我也开始变得轻缓许多，棱角少了一些。但内心又怕自己从此少了血性，多了圆滑，为了自己的生计与他人的利益，我在妥协中坚持。何时分出高下，日后见分晓吧！

在办公室里，我依然迎来送往，高谈阔论，还有十一年就五十岁的我，少了急切，多了坦然，以苦拌饭，食之味甘。做人，我如此，他人亦如此吧！

2017年12月17日

因为恐惧

马航事故，让我想想都怕，我非事故亲历者，但我也怕。人到中年之后，感觉身边他人所有的不幸都可能发生在自己身上，于是我常常会想：如果我站在不幸的中央，贷款怎么还？公司的股东怎么办？所有的银行密码怎么办？明天谁接送小孩上学？老人的余生如何度过？老婆孩子怎么过？想到这里，我茫然失措。

每个人都会有所畏惧，但现在似乎我惧怕的事情越来越多。现在许多人一早出门，突然就不知生死，家里的饭已经做好了，地还没有拖干净，亲人都在等待。

每年和妻子一起开车从广东回江西，双方的父母就都在翘首盼望。他们不敢打电话，怕我们路上分心，只能等待，当车子开到楼下喇叭响起，我想他们应该会长吁一口气，加上一句：终于到了。

现在的我在夜晚是很少滞留在外的，因为儿子会向他的妈妈询问："爸爸怎么还没回来?"我觉得自己不应让子女担心，于是尽早归家。多少人满面笑容地出发，却无法平安归来，所以我恐惧。想想 2011 年 7 月 23 日的高铁，想想汶川地震，想想马航，天灾人祸一大堆，所以每一次安全到家，都像是劫后余生，每一次旅途，都是单身涉险。

我明知即使恐惧也无济于事，但我控制不了。面对别人的不幸，我都会设身处地，各种因素就像预演过一样从脑海里翻腾出来。不是我天生怯懦，而是想通过恐惧获得更多的力量。

因为恐惧，所以我珍惜现在所拥有的，我的亲人、员工、朋友、工作乃至身边的一切。因为恐惧，所以勤奋；因为恐惧，所以宽容；因为恐惧，所以分享。

2014 年 4 月 17 日

第二部分

黑白世界

混沌初开
世界非黑即白
人世如此
人心亦如此
虽有偏激之意
但世事不过如此
实难寻中间之道
中途之归
因而
人人苦求多元之解
然
又有几人可得
此人生之痛苦
亦为人生之乐乎

佛像 油画

大企业　大品牌　要有所担当

前几日，有位客户过来询问关于电磁饭煲设计开发的相关事宜，还没等合作细节具体谈定，我就让他作出了放弃的决定，理由只有一个：国内某大品牌推出的电磁饭煲目前终端最低售价才三百多元。

作为一个不出名又不是大规模企业的客户，即使把产品做出来，除非粗制滥造或者偷工减料，不然其品牌名下的电磁饭煲的终端售价在比××低许多的前提下，哪里还有利润？况且，消费者能买到真正的好产品吗？

国内消费者不惜出国高价购买电饭煲、马桶盖等产品的消息，着实刺激了国内许多企业的神经，确实，我们的消费者现在已不再一味求低价购买产品，他们愿意为好产品多付钱。以电磁饭煲为例，在日本，几千乃至上万元的价格，国内的消费者照买不误。从技术层面讲，国内企业的产品是能够实现相同功能并能达到相同品质的。

所以，近几年，陆续有企业投入大量资金进行研发、改良并推出它们的产品。说实话，在外观、工艺、功能等方面对比评价，它们的产品和日、韩产品相比确实差了那么一点点，但从售价和基本功能来说，性价比高，终端一千多元的价格，消费者愿意购买，企业也有不错的利润。

但，好景不长。

大家熟知的某大名牌看到这个产品的商机，又开始玩其娴熟的手段，先是在电视台××发明栏目里，吹嘘他们研发了什么新型电磁饭煲，研发的过程如何波折，实验如何严谨，取得了××鼓舞人心的突破等，再次拨动了国人的爱国心，觉得中国终于有了可以和日本类似产品抗衡甚至比日本企业领先的企业了。可是，还没等我们这些草民扬眉吐气，该品牌产品上市不久，大举价格竞争的大旗，在市场横冲直撞，高端市场再次拱手让给日韩品牌，而把国内中低端市场的大部分市场份额收入囊中，直逼得国内许多中小企业喘不过气来，大骂××。

在此，我首先声明，我只是一个设计师和一个小企业主，我只针对这个产品发表自己的看法，我可不管××和××之间的什么专利之争、什么优劣之争。为什么在文章里不直呼这些大佬企业的全名，只因我是小民一个，不敢得罪。

2016 年 3 月 23 日

关于品牌与企业文化

刚写下这个题目，头皮发麻，太空泛了，但涉及这个题目的一些观点在脑子里存放太久了，觉得再不拿出来晒晒，可能就要发霉了，没办法，硬着头皮写吧。

众所周知，品牌与企业文化是企业无形价值中最有分量的两块，于是，众多企业大量大把撒钱进行品牌与企业文化方面的建设。由于本人长年从事家电领域的产品开发与品牌推广工作，因此，以家电企业为例，谈谈自己肤浅的看法。

目前中国本土的家电企业大致可以分为三类：①名牌企业，例如美的、海尔等，利用名牌优势，在价格、渠道、销量等方面独占鳌头；②品牌企业，企业拥有自己的品牌但不出名，在品牌意识、产品开发、品牌推广等方面也愿意投入资金；③代工企业，这类企业往往拥有一些半死不活的品牌甚至不愿意打造自己的品牌，更愿意在生产成本、生产规模、制造工艺等方面投入资源，从而拥有成本优势、规模效益。

在以上三类企业中，第一类企业虽然拥有令人羡慕的名牌，但由于品牌具有弹性，所以必须学习发达国家以往的做法，实施多品牌战略，走出国门，在更大的市场上拓展更大的空间，这对它们来说具有挑战性和风险性。

第二类企业目前的生存风险最大，企业家的精神压力也大，不过相对而言，它们的发展空间也最大。

第三类企业也许可以把产品做得很好，但无法直接获得产品的市场利润，只能赚取极低的代工性质的利润，以量取胜，只要解决一个以销定产还是以产促销问题就可以了。但企业的老板经常纠结于原材料、应收款等难题，甚至企业的命运都被别人把握，非常辛苦。

而关于企业文化，却是一个很有趣的现象。拥有名牌的企业并不一定拥有很好的企业文化，而一些名不见经传的小企业，往往拥有一些独特的企业文化。不过，大部分的企业以为喊几句口号，把生产场地打理得井井有条，把办公场所装修得精致典雅就可以形成所谓的企业文化了。甚至有的企业家以为通过个人魅力，建设强人企业，也可以拥有与众不同的企业文化。大错特错！

首先，建设企业文化，必须先建立企业精神。企业精神就是一个团体为达成特定任务，以有限的资源（人力、财力、物力、时间等），利用有效的组织与管理，经过不断创造、突破等努力，挑战困难的过程。在企业发展过程中塑造的一些价值观、行为准则，就是企业文化。其实企业文化的塑造是不用花钱的，如果刻意花钱来塑造，那这种文化肯定是缺乏魅力、更无法经历风雨的。

企业文化是企业家所领导的一群人的共同价值观，是靠沟通、总结而形成的。企业文化塑造的最大考验是当企业有危机时，这个团体如何处理这个挑战，这个危机。所以，企业文化的塑造需要时间，犹如美酒，越陈越香，无法速成。

为什么要说企业文化呢，因为一个企业品牌的建立必须以企业文化为根基。那接下来的几个问题就比较关键了，即：①企业是否一定要拥有品牌？②企业如何打造品牌？③品牌的价值如何体现？

毋庸置疑，企业拥有一个有价值的品牌，这是企业家梦寐以求的目标，所以对第一个问题的回答是肯定的。但有一点：如果有些企业家对自己企业的发展要求并不高，只想赚点现钱，这些人的目标并没有什么可指责之处，只不过他们应该被称为“老板”，他们所经营的企业是一个实现发家致富或大富大贵的载体，没有多大的社会价值。

而如何打造品牌，又是令许多企业家头痛不已的事情，甚至自己的“心头好”往往在市场上备受冷落。我所接触的一些企业家对品牌的认识还停留在做一本 VI、CI 手册，请一个有名无名的代言人，有几句引人注意的广告语而已。甚至有的企业家大把撒钱，把产品做得漂漂亮亮的，在各种媒体上不停宣传，一时间轰轰烈烈、热闹非凡，但后劲不足，不久又冷冷清清了。

其实，品牌的打造应审时度势，依托自身条件，充分认识品牌对自己企业的实际价值，量力而行。品牌的形成与发展也需要时间的积累，但也不是说顺其自然，以为存在的时间长了，自然就是品牌或者名牌了。有这种特例，但这种品牌往往有形无力。

此外，品牌的价值又如何实现呢？很简单，通过优良的产品、优秀的人才、有效的销售和诱人的利润相加从而得以体现品牌的真正价值，从这个角度出发，打造品牌的方法就不言而喻了。

2011 年 3 月 20 日

跑路的都是王八蛋吗

又到年尾，有一个词又开始陆续听到：跑路，这个词的含义你我都懂。我在顺德已经十七年了，从何时开始听说这个词，我自己回忆了一下，大概是从 2010 年开始吧，感觉从那年起，跑路这个词出现的次数越来越多。我认识的或不认识的一些企业，忽然就和这个词扯上了关系。

只谈家电行业吧，那些企业以前感觉都挺风光的，为什么会跑路呢？为啥要跑路呢？一家生产企业，与之有关的，是供应商或销售方，哪一家企业跑路了，最痛苦的也是这两方了。于是，对跑路的企业老板，千夫所指，大骂特骂，愤愤不平。以前相见，喝酒称兄弟，跑路了，相见用砖头砸而后快。

问题出在哪里呢？我相信能提出来的问题有一大把，千人千面。我只是从自身感受出发，谈谈自己的愚见。

先谈配件及配套供应商，绝大多数的供应商都喜欢做大客户，这没错吧。何为大客户？

他们认为规模大，订单数量大的就是大客户，我不赞同！所谓的大客户，就有大客户的大脾气，对待大客户，许多供应商忍气吞声，结算晚一些，或者扣费用等，当然也就不敢大声出气了。因为对方是大企业大客户，因为他们不愁找不到供应商。于是，合作关系变成了依附关系，互利模式就成了一种风险模式了。也许有供应商会说：做什么没风险呢？既然都有风险，那为什么不搏一把呢？

是的，做什么都有风险，可我们经常被大客户提供的大订单唬住，被预期收益诱惑，完全忽略了自己是不是不可替换，自己是不是被大客户占用了绝对的产能、占用了绝对的资金。

一大堆物料堆在客户的仓库里，如果他们跑路了，血本无归，对于客户而言，物料不要钱，所以他们也大胆地给销售方提供不要钱或低价格的成品，如果那些销售回款不到位，如果销售利润入不敷出，两头一挤压，不跑才怪！所以，供应商等同于在火上浇油，看起来火烧得很旺，可纯属自燃！

所以，不要用企业规模和订单大小来衡量客户的大小，好收钱的就是大客户！不要去揣测哪个客户的兜里钱多，要多分析他们的企业定位和盈利模式，看他们是否有品牌优势，是否有产品创新意识和创新能力，是否有市场推广优势等。这些优势不一定是叠加的，有一种，我估计你的客户的生存能力就有保证了。

如果产品同质化严重，品牌擦边，靠假冒伪劣赚取利润，靠产品冲量低价销售抢占市场，而你对这些视而不见，只是看到对方热热闹闹地出货，大把大把地下单，那么恭喜你“中奖了”。

回过头来，说说制造企业。许多企业，光看企业名称，就让我头痛，同音同字的一大把。低俗的企业名称，擦边的品牌，抄袭的产品外观，雷同的产品功能，类似的销售策略，就此打住吧，让旁人看着都着急。

可许多仁兄还是自我感觉良好，为什么？因为以前这些问题就都存在，他们照样赚了大把银子。现在产品过剩？不会只过剩我一家，坚持就会胜利，努力就有回报。真可怜啊！我自己以前也受益于这些企业，可现在我要真心地奉劝它们：时过境迁了。

作为企业老板，以前只要有胆量，肯努力，确实有大把钞票可赚。家电行业 20 世纪 90 年代末开始是窗口期，一直到 21 世纪初，大家活得都很滋润。可现在消费升级了，市场需求品牌化了，产品要求品质化了，市场细分了，常规产品严重饱和！为什么要视而不见呢？

用产品赚取利润，用品牌获得市场才是真正的竞争力。至于那些靠假冒伪劣的企业赚钱了，我只能说：富贵险中求。

所以，许多企业和公司应开始自我审视一下，自己的优势到底在哪里。不要跟我说什么研发、制造、销售一体化发展。如果实在找不出什么优点，如果还想继续，就请集中所有打一点，创造一个优点，实在创造不出来优点的，别干了。

可有些人偏不，不去开发受市场欢迎、消费者需要的产品，反而憋着一口气，把希望寄托于未来，甚至把多年的积累拿来买地、建厂房、扩大规模、铺货、抢市场、请高人、砸广告、何必呢。

唉，一些企业或公司的老板因为没有认清自己及市场，或者投入到不能产生价值的方面，跑路了，东躲西藏，成了别人嘴里的王八蛋。想当年风光的时候，有人送匾上门，旁人敬若神明啊。企业经营不善，可以申请破产；企业资不抵债，可以破产。

可现实是真的可以破产吗？别人可以找到你家里，可以威胁你的妻儿老小啊，不跑行吗？供应商希望你扩大产量，多下订单。经销商希望你多推新品，多打广告；有人希望你扩大规模。可当你按照这些期许去做了，做好了，皆大欢喜，万一没做好呢，谁扶你呢？做企业开公司一定是要做大就好吗？

有的人跑路了，我不会为他们叫屈，也不想说他们活该。我知道，有的人是无奈地跑开一下，该还的他们会还，该做的他们会做，请给他们时间。当然，也确实有一些王八蛋，有钱不付，居心不良，故意跑路，除了骂，我们也要自我反省一下了。

跑路的，并不全是王八蛋！

2017 年 12 月 6 日

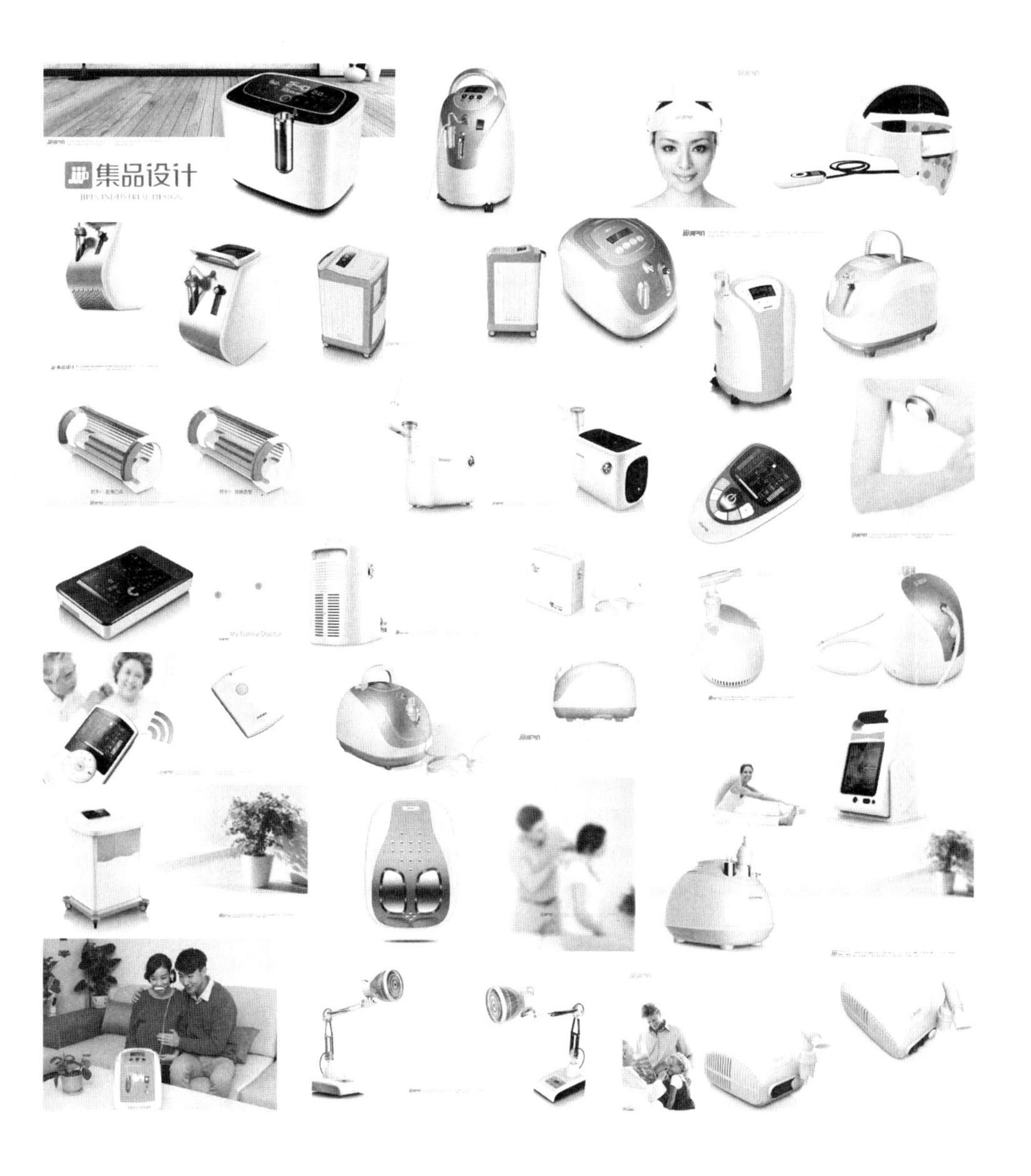
集品设计
My Family Doctor

龙的梦想

中国是龙的故乡，中国人意识形态中的龙能潜于水、行于空，具有无限的想象空间。但目前，我们接触到的大部分企业以及被称为“老板”的企业家们，却都在做着“恐龙梦”。众所周知，龙是整合的产物，有马、蛇、鱼的身影，是资源整合的代表之作，是理想主义的产物，是想象力的结晶。

几千年了，龙一直活在华夏子孙的心里。而恐龙，具有一个大肚子，一点一点地进食、消化，慢慢长大，一直长到非常大。就像目前许多小老板羡慕的一些企业，也许恐龙小的时候还很美丽，越长越大却越来越难看，食量越来越大，体态也越来越臃肿，当需求达到一定程度的时候，生存环境一改变，就会有生存危机。

企业家们究竟做着“神龙梦”还是“恐龙梦”？我觉得大部分企业家都在做着“恐龙梦”，缺乏想象力，不追求变通，盲目追求肌体及数值的庞大，甚至无知地配合着 GDP 的增长而沾沾自喜，门户大开却无法进行资源整合，金钱无数却舍不得甚至不屑于研发创新，慢慢地开始觉得没有了自己的发展空间，丧失了竞争力。在目前国际化资源优势整合的大背景下，这样会“死得很难看”。

也许有些企业家并不认为做“恐龙”有什么不好，还有一些企业的负责人，创办企业的最初目的就很简单——“赚钱”。这本无可厚非，但那么辛苦，甚至看人脸色去赚取微薄的加工费后，自己反而受困于企业的发展，于是恶性循环，不得不继续打价格战，毫无价值地消耗各种资源。但愿中国多一些真正有责任心、有民族荣誉感的企业家，心怀一个龙的梦想，善于变化、勇于创新，从而腾飞于天，翱翔于无际。

2011 年 7 月 15 日

设计费　必须贵

这篇文章的内容已酝酿了许久，唯独标题很为难，有的委婉，有的寓意深长，但思来想去还是觉得现在的题目更好一些，更能体现自己的意愿，就它了："设计费　必须贵。"

也许我的客户看到这个标题会立即把我批得体无完肤，理解、理解，少安毋躁，谁都不想把自己兜里的钱多给别人，但也许看完以下的观点，您就会体谅或完全赞同了。

有一件事情，让我作为一个设计行业从业者，觉得五味杂陈。意大利米兰家具展拒绝中国企业参展，中国来的个人参观者也会得到"特别照顾"，原因是害怕中国人抄袭甚至完全克隆。国内现在到处都在讲发展，对各方面取得的成就津津乐道，但有一点，上至领导，下至个人，都知道中国工业设计水平的整体现状。难道我们缺乏好的设计师吗？不是。难道社会还没意识到工业设计的重要性吗？也不是。

我从事家电产品设计快十年了，对各方面的情况都有较深的感触，以小见大，我觉得现在中国整个制造业均陷入了一种“侥幸发展”的怪圈。许多企业明明知道必须重视产品开发，必须大力发展团队，但由于前几年企业发展过于顺利，顺利到随便改变一下材料形状就能赚钱，顺利到七拼八凑就能赚钱，所以大家都乐此不疲。

然而好日子不长，由于消费者品牌意识、精品意识的提高，靠投机发展的企业已完全不适应现在的状况了。怎么办呢？创新，这都懂，但是让谁来为您创新呢？

中国的工业设计发展时间不长，包豪斯的观点也还未深入人心。然而，由于就业容易，国内许多大中院校不管是否具备条件，统统开办各类设计专业，一时间设计师突然站满了招聘场地。而提供各种类型设计服务的单位也犹如雨后春笋般冒出来。

特别近两年，许多地方政府也意识到了设计产业的巨大能量，纷纷设立各种设计、创意产业园，吸引设计人士创业或单位入驻。一时间，设计行业就像北京老天桥，说的、蹦的、耍的，各色人等，不亦乐乎。有需求的一方开始看花眼了，开始毫无标准地挑选了。该打，忘了一些老板的法宝了：价格。

设计工作是一种系统服务，从对接、调查、立项、开展、修改、执行等各个环节都需要非常专业的人才，但有的设计单位明明人才配备不到位，但胆子不小，设计航天飞机这活都敢接。不就是飞机吗？立刻一个漂亮的飞机效果图就出来了，拿去造吧。怎么造？这我不管，给钱。

我这些年从业以来，一开始信心百倍，但越到后面，越不自信，觉得设计行业很深奥，还有许多东西要学，以至于现在，别人问我干什么的，答：开了一家小公司。设计师三个字我不敢从嘴里说出来。说了这么久了，怎么才能证明设计费必须贵呢？

（1）团队培养很艰难，专业的事要由专业的人做，但现在许多人从大学出来都是半成品，企业要慢慢培养，几年以后才能成才。

（2）设计费低会引起连锁反应，优秀的人才因收入低而选择转业，留下些“歪瓜裂枣”的也办不成事，因此恶性循环，越便宜设计出来的产品就越不好卖，导致企业越不敢投入设计。如果一个酒店标榜五星级的标准，三星级的收费，那就得注意了，要么是挂羊头卖狗肉，要么标准是他们家定的。

打住，说得够多了，如果还不明白标题的意思，那我也没办法，试试看你就会深刻体会本文的要义了。

2012 年 2 月 20 日

小公司里的大问题

时间过得真快，不知不觉地经营一家小公司已满十年了，真是不知不觉啊，只有这个词才能准确地描述这个过程。然而结果却不能再用这个词概括了，也许恍然大悟比较贴切一点。

我只能满口大白话，说说现在的体会，自己做个小结，希望对他人也有所帮助。

我的自主创业是拍脑袋决定的，旁人的三言两语就让我热血沸腾，做出了目前还有点后悔的选择。是真的，如果当时再慎重一些，准备再充分一点，之后的路走得也就稳当一点了，不会跌跌撞撞，甚至头晕脑涨，身心疲惫。然而我的性情使然，做就做了，刚开始就毫不畏惧，毫无章法。

设计行业创业的成本很低，一台电脑、一个人脑就够了，随便找个吃住的地方，支个桌子就开始了。可打开电脑之后，问题就来了，我给谁做事，得收多少钱，我又该做什么事才好呢？

晕吧，什么都不知道。好在当时有位老客户恰巧打电话，得知我自己立山头了，恻隐之心，人皆有之，给了一两个项目让我做，好歹开张了。

从此，我就和其他白手起家的小老板一样，提个包在工业园区到处跑，只要有个门开了我就想混进去，各种大小聚会，只要是个人，我就会把自己的名片递过去。

勤奋终于有了回报，慢慢地，3个月以后，客户多多少少开始有了回应。可问题又来了，我没日没夜地干，事情还是丢三落四，无法及时完成，我在设计方面的聪明才智也没得到真实的体现，客户的埋怨声开始四处飞过来。对了，人手不够。

以前是应聘，现在要招聘，当然不一样。在一些免费的招聘网站上发信息，委托亲朋好友散布消息等，招数用尽了，可那些比我老或比我小的设计师们，找到我的办公地点后，进门巡视一番就走了，还没让我这个老板面试一下呢。我估计有的人还没进门就走了吧，不怨他们，谁让我的门口当时只有门牌没招牌呢，唉。

后来，勉强来了两个设计师，一个是我舅舅的朋友的儿子，一个是我大学做家教时的学生。这两位当时严格来说真不能称为设计师，但我很开心，反正队伍拉起来了。我终于可以给别人开工资，我终于是老板了。

鉴于当时的情况，我大胆地提出了我们的发展目标：百家争鸣　略闻我音。看看，口号也有了。

口号归口号，具体事情还得具体解决。人手有了，业务又略显少了一些。

没办法，我每天提着包像无头苍蝇一样四处跑业务，没名气又没实力，大单接不到，小单没利润，有什么就得做什么，对变通能力是个大考验，烦恼得很。

有一天，一位做电磁炉的客户找到我要求设计新款，当时电磁炉是什么东西我都不清楚，为了弄清楚一些细节，我从各种渠道得知这个产品进入中国不久，许多企业都开始发力抢占先机。立刻我感觉就来了，这应该是我近期重点关注的产品，至于其他的就没必要再天天上门去“跑业务”了。

于是，我没日没夜地进行研究分析，利用自己的美术功底以及少得可怜的设计学问，捣鼓出了几个新款。同时，我又为这个客户费心费力设计了品牌形象、产品包材等。没承想，这个品牌和相关产品投入市场后，迅速走红，而我也得以崭露头角。后来，客户络绎不绝，我们也越做越顺，许多方面迅速成长起来。

就这样到了 2007 年，公司已经发展到二十多名员工，业务部、外观部、结构部、平面部都建立起来，业务涉及家电领域的几十种产品。为了发展的需要，我提出了股份制的想法，要求几个主要的人员以现金入股，但反应冷淡。

突然有一天，业务经理提出辞职，理由很牵强。他的收入很高，在公司里是第一位，不论我如何挽留，他都去意坚决，只好答应。没想到，同一个月，陆续有结构设计师以及两位外观设计师辞职，问题很明显了。

由于这批人员是我刻意培养出来的得力助手，为了让其迅速成长，我经常带着他们一起加班，而且从各个方面对其进行教导，四五年了，他们一直兢兢业业，工作也还开心，况且我还邀请他们入股，共同经营，为什么现在要离我而去呢？看来还是自己庙小，容不下几尊神。

他们离开后，果不其然就一起组建了一个设计公司，并且向我的大部分客户发起进攻。业务本来就是他们拉回来的，设计也是他们做的，现在费用还比我少了许多，客户何乐而不为呢?

由于在如此短的时间之内，我的精干人员跑了一大半，以前不是精干的现在也开始翘尾巴，对我的要求阳奉阴违。整个公司弥漫着一种莫名其妙的感觉，大家都无精打采，许多老客户接电话时也顾左右而言他，这样下去怎么得了，外面甚至传出我要倒闭的流言了。

这时我的脾气上来了，没有张屠夫，不吃混毛猪，一不做二不休，气由胆边升，除了一位结构设计师以外，我把所有的老设计师一一辞退，立刻招聘进来一批年轻的设计师。虽然自己比以前更辛苦，又要事无巨细、面面俱到，但公司气氛立即活跃起来，同时还发现一个好处：在保证相同工作量和效果的同时，每月的费用少了许多。

我没做狡兔死走狗烹的事，他们反而放着现成的不要想捞我这一份，没想到给我空出了更多。话虽这么说，对方实力不弱，不得不防。我心生一计，给所有私人关系还不错的客户推荐一种新的合作模式——年度合作，改变以前需要业务员维护的业务关系，把业务方面的支出让利给客户，相比从前，不仅费用低廉，同时加倍用心地对待每个项目。

由于是一批新设计人员，大家干劲十足，客户关系也比以前更稳定了。到年底一算，不仅没少赚，反而比上年增长了一些。我又活过来了，公司的广告语也改成：集众所长　自成一品。

自此之后，虽然出现了一些其他困难，但都一一化解了。另外，我也分析出了当年老员工离开自己的原因：他们当时收入不错，但由于我采取的是猛打猛冲的管理方法，虽然我身先士卒，而其他人由于环境使然，不得不跟从，时间长了，难免疲惫，但不好表露，只得离开。

此外，虽然我也曾邀请他们入股，但由于平常缺乏沟通，他们对入股后的公司发展前景以及利益分配心中没底，而且我以前的家长作风，也会让他们感觉压抑。

时至今日，我已在公司内部施行股份制以及部门分红制，大家分工明确、相互尊重。同时我们还计划：由于局域市场的容量有限，而我们这一行具有明显的地域和行业特性，所以，没必要在一个地方做到很大规模。

不如分散布局，多元发展。在不同的地方、不同的产业领域发展，这样就可以避免规模大利润低的缺点，同时可以很好地规避因服务对象产业发展不良所带来的困难。

不过要做到这一点，公司就必须要有一个很稳定的团队、一个很开放的平台和其他方面的规范。因此，我认为一个小公司必须做好以下几点：团队要稳定、利益要明确、业务有保障、发展有目标、实施有步骤。

至于我接下来究竟会怎么做，这是核心机密，恕不奉告。

2011 年 8 月 19 日

百家争鸣 略闻我音

集众所长　自成一品

2001 年开始，我创立了集品。犹如在热带雨林中种下了一粒普通的种子，四周巨木参天，植被茂盛。而集品从汲取到第一滴雨露开始，便顽强地成长，且长势喜人。至今，集品已十年，虽说还无法傲视一方，却也根基稳定，枝叶繁茂，体态茁壮，有了自己的一番天地。

在成长的过程中，虽有荆棘阻挠，也有杂枝缠绕，但我的客户犹如肥沃的土地和甘甜的雨水一样，一直眷顾并滋润着我，从而让我有了底气，有了根基，更为我获取了发展的空间，不胜感激。

不过很惭愧，由于自己创业之初，学识浅薄，团队无为，没有为关照自己的客户提供很好的服务，有些作品虽然也有亮点，但大部分的客户还是失望而归。同时，由于自己缺乏管理经验，只知带领手下猛打硬拼，傲上恤下，不知变通，不会笼络，责备多于鼓励，差点导致众叛亲离，濒临失败。

痛定思痛，我有什么优势？我应该走一条什么样的路？每个人都是有梦想的，但现实中却会遇到很多瓶颈，所有逐梦的过程都不会一帆风顺，重要的是每一次遇到困难时要自强，能够创造新的价值。

同时，要注重发展策略，要学会包容，善于整合，确定一个明确的目标，以有限的资源，利用有效的组织和管理，经过不断创新、改善等，突破自我。十年了，我们终于学会了这些。

于是，就有了“集众所长　自成一品”这个根本，对我以及我的团队，都有莫大的意义。同时，我们按更高的要求整合了团队及各种设计服务资源，优化了客户群，提出了综合设计服务理念并付诸实施。我们主动融入企业的生产制造以及营销等环节，与市场互动，与客户共同创新，从而佳作迭出，一切豁然开朗。

在以后的岁月里，集品将更加追求创新，订单工作与自主开发相结合。纯粹的设计不再是我们的终极目标，各种各样的奖项也不会是我们的最高追求。

我们希望搭建一个无形却扎实的平台，让不同的人在上面交流、互惠，从而利用这个平台衍生出更多不同性质的平台，让更多的人拥有自己的平台并展现自我风采。

集品，站在未来安排今天。

2011 年 8 月 2 日

我为什么要做产品

做产品设计和品牌建设方面的工作已经十几年了，承蒙客户的信任与抬举，跌跌撞撞地一路走到今天。总体而言，我和我的团队还是敬业的，是专业的，客户在我这里的投入也是值得的。

2007 年，因为给红福和千泽等公司设计电饼铛，了解到它们当时对现有铝盘供应商的不满和需求，于是，和朋友合作，投资了几套新结构的铝盘，后来又投资了一两款电木外壳，给一些客户提供散件。

由于有一些创新和改变，我们的散件受到了市场的欢迎。后来，杏坛的一家企业找到我，让我用现有模具作价入股，与他们合作成立新的公司，推出新的品牌。怀着对未来的憧憬，我同意了，并设想着一段时间之后，把设计公司转给员工，自己也不再做设计了。

做设计，比较平稳，赚钱不多不少，但缺乏成就感。特别是当自己的设计方案相当不错，可客户却因生产品质或者推广不力，导致产品实际销售不理想的时候，心里就会有一种冲动：要不我自己试试吧！

试试的结果是，做电饼铛的老客户开始对我侧目，他们不仅担心我会把给他们设计的方案改改就用到自己身上，也担心我这个做设计的不务正业，变成了他们的对手。

当然，我心里有数，本来我就是靠创新立足的，根本不屑于去修改或抄袭，我电脑里的新款大把，何必如此？其实，换位思考一下就能理解客户的担心与顾虑了。只不过当时自己确实不想做设计了，干脆转行，对于他们的意见也就不在意了。

可做了一段时间成品生产和销售之后发现，家电行业的常规产品，不缺产能，更不缺销售高手。我做产品，优势恰恰是设计。但制造和销售的繁杂事务，让我这个习惯清净的人开始厌烦，一咬牙一跺脚，不干了。

制造产品，客户不接受，那么我给客户设计产品并帮他们卖产品，应该是互利共赢吧。

于是，2010年，找了一些人合作，开了一家电商公司。本来我们设计产品的时候，就要考虑产品定位、竞品分析，也有产品包装推广的能力和团队，顺其自然，我们帮客户卖产品，客户也乐见其成。

可过了一段时间我发现，电商其实就是在电商平台上的贸易方，什么产品好卖就卖什么，经常要变换热点，经常要培育爆款，可要找的东西，恰恰是我们给客户新设计出来的。

况且，电商团队的培养、资金的投入，都需要全身心的付出，而我拥有的或者他们愿意与我合作的重点，是我能设计新产品的能力以及提供新产品资讯平台。

把制造和销售尝试了一圈之后，我开始明白，不管是制造方还是销售方，他们都缺好的产品，缺好的项目。这些，本来我就拥有。

一些中小型企业，苦于资金投入，苦于人才不足，一年到头就靠一两款新品投入决定企业生死。我为什么不能以此为商机，主动提供项目或专业支持，分担他们的资金投入风险，从而增加自己在产品设计方面的收益呢？何必要自己去做制造和销售呢？

况且，我和自己的团队十几年以来，帮许多公司设计的产品，都有不错的反响。此外，我们还有生产、销售方面积累的经验，不就比一般的设计公司的能力更多元化、更突出了吗？

所以，制造、电商以及其他关联的公司，我退的退、转的转，手头就只保留了集品设计公司。然后，我开始作为一个项目的提供方以及产品的孵化方，组建了诺比克电器公司。以集品提供或接收项目，寻找周边的生产企业合作，大家共同投入资金并分工协作，孵化产品。这样，就可以用尽可能少的资金做出尽可能多的产品，风险共担，利益分享。

以诺比克作为物料采购和成品仓储的基地，同时，利用诺比克有限的产能，进行新产品的小批量试产。并将诺比克品牌作为产品价格推手，在电商领域拉高产品价格，让生产方、礼品赠品、出口等其他合作方以及渠道有利可图。

集品和诺比克尽量不涉足产品制造和产品的具体销售，合作方利用集品的自主研发能力以及诺比克的小批量生产和物料配套能力，迅速将产品推向市场，而我们则借助合作方解决产品制造以及产品销售的问题。自 2012 年以来，我们已经完善了许多合作细节，做出了许多有利润的产品，这个模式一直发展到现在。

也许，还是有客户会认为，你一个设计公司做产品，是不务正业，是和他们抢饭吃。其实，我和我的设计团队做过制造及销售之后，团队更成熟，能力更多元。回过头来帮企业设计产品，更能够准确定位、换位思考。

通过了解材料工艺、零配件、销售方式和资源、产品制造和销售过程需要注意的细节等，反而能够帮助企业做出更多接地气的产品。也会从营销的角度、从市场需求的角度主动开发出产品，并与生产方和销售方互利共赢。

说简单了，我是在做产品，我是有了一个电器公司，但其实，我还是在做设计开发，只不过用了一种新的方式，把设计方案真正变成了实物。我也加大了投入，增大了自己的风险，主动向市场提供新品，向客户提供帮助，与客户共进退，从而提升设计附加值。

如果还是有人介意设计公司做产品、做销售，那你们就去找那些只会设计产品的设计公司好了，而我和我的团队会继续去设计产品、做产品、卖产品。

可以找我设计产品，也可以找我合作推出产品，还可以找我定制产品，我做设计也做产品！

2017 年 8 月 4 日

制造业是定海神针

曾几何时，有制造实业的老板对外介绍自己时，底气十足，骄傲自豪。但近两年，特别是从 2015 年开始，我所接触和认识的一些家电企业老板，完全没有了以往的自信，表现出无奈和迷茫。如果用“月有阴晴圆缺”劝解那些朋友，我自己都觉得很牵强。变化是有原因的，但原因在哪里？如何改变才是我们所要共同思考和解决的？

我接触家电制造行业时间较长，就以这个行业说说自己的看法。首先，要清楚自己是不是制造业的一员。

也许你会觉得这个问题很多余，但我告诉你，目前许多企业充其量是“组装业”，也许你就是里面的一员。没有任何研发投入、没模具投入、设备投入，只有生产场地和组装人员，配件是采购回来的，外壳是公模，这样的企业是制造业吗？

真正的制造业必须是品质好、技术好、成本低、规模效益好才对，但要做到这一点，很难！不论是做配件还是成品，都必须改进生产工艺、改良产品功能、优化产品外观等，这些必须要有一个长期投入的习惯与坚持。只有你的产品外观符合或引导消费潮流，功能让人爱不释手，品质让人赞不绝口，你才能在市场占有一席之地，如果还能通过规模采购和规模生产降低产品成本，那你的产品就所向披靡了。

试问一下：你还敢说自己是制造业吗？

确实，有很长一段时间，消费者买东西只要满足基本需求就可以了，电饭煲只要能煮熟饭，热水器只要能出热水，油烟机只要能把油烟排出去，这个产品就是好产品。由于消费者口袋里的钱普遍有限，如果产品售价能再便宜一点，那就是你这个老板的善心了。所以，你可以拿个别人的模子照着做，即使偷工减料，只要能像那么回事就不怕卖不出去。

可现在呢？相信大家都明白现状，不管是外贸还是内销，真正的好产品已经有人愿意多掏一点钱买单了。可还有人抱着侥幸的心态，以为能糊弄过去。一大堆的配件和成品堆在仓库，亏了，埋怨谁呢？有一个问题搞清楚就好了：请问你投入了什么？请问你承担了什么风险？结果很明显，凭什么让你赚钱？

一个国家，制造业是国民经济的定海神针，现在并不是产能过剩，也不是简单地丢掉旧的，全部玩高大上的项目就是产业升级，关乎人需求的产品，市场是永远存在的。而且随着竞争的加剧，要求越来越高，不投入人力和资金进行创新或者改良，只是简单地组装的企业，最好自己退出，没必要落到倒闭的结局。

总之，要么别玩，想玩就要像个玩家，别再做什么东拼西凑的所谓“制造业”了，苦了自己也害了市场。

2016 年 3 月 3 日

nobico诺比克
专注健康科技
空气净化器
WALL MOUNTED

产品创新与新品战略

做了十多年的产品设计开发工作，也做了多年的产品制造和产品销售，个人对产品设计创新以及新产品的定义有了一点经验，在此，做个简单的分享与交流。

首先，要确定自己能做什么产品（或者销售什么产品）。这个时候要先清楚自己的优势是什么。研发？制造？销售？

也许有人会说："我的公司有研发、制造和销售。"往往，我一听到这种自我介绍就头大。为什么？国内真正能做到研发、制造以及销售一体的企业/公司并不多。许多企业只是在内部设立了相关部门，有了相关的从业人员，但是，并不突出，也不强大，只是有和无的区别。

有就好吗？不见得。特别是一些中小企业，貌似什么都有，其实个个一般。所以，我认为，到底是研发型企业，还是制造型企业，或者是营销型企业，只能是一种，把一个定位做好了就可以了，不要面面俱到。不然，资金分散，团队精力分散，反而无法超越别人。所以，对于中小企业而言，有一个点能做得比别人好，就可以了。

其次，是产品的分类，在家电、美容、电子、家居等行业，个人认为，产品只有两种：满足生活需求的产品以及改善生活品质的产品。

比如，20 世纪 80 年代，洗衣机就是一种改善生活品质的产品，现在成了满足生活需求的产品。电水壶、电饭煲等，这些都是满足生活需求的产品，洗碗机、空气净化器等则是改善生活品质的产品。当然，以后也会发生某些变化。

这两种产品的区别在于：满足生活需求的产品，消费者往往看重品牌或者价格，选择购买名牌或者超低价格是这类产品的消费属性，是好和便宜的两个极端的选择。而改善生活品质的产品，消费者是冲着某些特定功能去的，往往忽略对品牌和价格的要求，对产品外观工艺、产品的功能特点有细节方面的要求。

满足生活需求的产品，设计开发的时候，注意不要过多地追求功能创新，要注意产品外观紧跟市场潮流，在外观造型以及产品颜色上做出自己的特点。由于这一类产品销量较大，所以，一定要注意成本适中，品质稳定，不要给自己找麻烦。

而改善生活品质的产品，则要重点完善以及优化产品功能，尽可能地考虑细分市场以及特定人群的特殊需求。针对同行的产品多做一些改良设计以及微创新，做出自己在产品外观、材料工艺、功能使用各个方面的特点。

所以，企业是哪一种企业、产品能做哪种产品，这两方面是我们要重点分析和确定的。

此外，经常有人问我：“陈总，最近有什么新产品啊？”对于这个问题的回答，我只能含糊其词。许多人觉得是自己没做过的产品就是新产品，或者是市场上刚出现的产品就是新产品。其实，这些观点都是有问题的。

我的个人经验是，把消费者的年龄放在第一位，性别放在第二位，消费场所/习惯放在第三位。比如，1~6岁的小孩，有什么产品适合他们？能解决他们或者他们的父母什么需求？再比如，你家里养的猫、狗异味重，细菌多，怎么解决？又比如，你去KTV唱歌，麦克风那么多人天天往上面喷口水，你能放心使用吗？这个是不是商机？

新品无处不在，只看你是否有心去发现，是否有能力做出来，并卖出去。

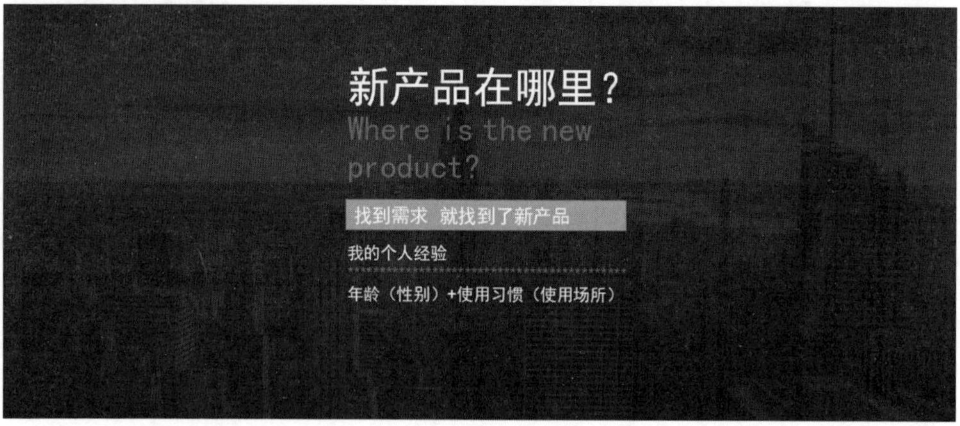

新产品在哪里？
Where is the new product?
找到需求 就找到了新产品
我的个人经验
年龄（性别）+使用习惯（使用场所）

陈中美：饥饿市场的好模式

随着集品设计的三个产品孵化中心的初步建立，集品总经理陈中美的“优势互补、互利共赢”最初愿景也得以一步步走向现实。

虽然后续还有很多细节需要与合作方共同努力去完善，但并不妨碍这成为一件值得设计公司与制造行业共同关注的事情。小编也有幸与陈中美先生进行了一次深入的谈话，了解了他作为一个资深工业设计从业者对如今制造业的看法和责任。

综合设计服务体系

2001 年，陈中美怀揣梦想来到顺德，进入了工业设计领域，经过不懈的努力，如今集品设计已然成为珠三角地区有一定影响力的工业设计企业。在经营设计公司的同时，陈总也曾涉足产品的生产及销售，经过多年的参与和探索，虽然小有成就，但明显地感觉到了制造业中存在的种种问题。他发现制造行业普遍存在研发创新与企业定位不准确、产品开发方向不清晰、开发及推广不到位、产品同质化严重等问题，致使很多企业出现多年来仅能靠一款或几款产品走天下的现象，严重阻碍了行业的健康发展。

同时，大部分工业设计公司都停留在外观设计或简单的装配结构设计阶段，由企业提出设计需求，设计公司按照企业需求把产品设计出来交货即可。他认为，传统模式下的工业设计，入行门槛比较低，设计师的专业能力单一，且想法容易被厂家左右，很多工业设计从业人士都容易迷失自我，设计的理念和附加值得不到相应尊重，产品创新之路困难重重。

鉴于这种情况，陈中美带领团队通过多年在设计、制造以及销售方面积累的经验，自主收集产品信息、自主设计研发，并和企业合作投入模具生产孵化产品，或通过向企业提供专利产品转让，减少企业研发投入及模具等物料费用支出的风险，从而形成集品设计独特的综合设计服务体系，使得集品有别于其他的工业设计公司，真正从全链条角度解决产品设计、产品定位、产品推广、产品制造等方面的问题，并与企业实现共赢。

然而，还是有人对此颇有微词，认为一个设计公司涉及产品制造和销售是“不务正业”。对此，陈中美表示，这是合作，不是竞争，产品设计要考虑产品定位、竞品分析、材料工艺……所以，设计公司应该有产品包装推广的能力，有制造和销售的经验，这样才能真正帮企业设计产品，才能够准确定位、抓住市场。集品设计通过与企业合作，实现强强联合、互利互赢，同时市场也验证了这个策略，其产品在市场上均获得了可观的回报。

孵化创新，共赢未来

综合设计服务的成功推动，让陈中美在欣喜之余也意识到了制造业以及销售方式的变化。为顺应市场要求，集品及时推出了新的模式——产品孵化，让更多人参与到产品合作中，把更多优质产品推向市场。

一个新产品从设计到推向市场，需要经过一段时间的市场验证，而在这段时间，生产投入的成本成为了关键性的问题，小批量的生产不仅成本偏高，许多生产企业也不屑于接这种小单。因此，陈中美组建了主要针对小批量生产的诺比克电器公司，重点解决小批量生产配套问题，如配件采购、仓储、发货等方面的要求，并以集品提供或接收项目，寻找周边的生产企业合作组成产品孵化中心，大家共同投入资金并分工协作，同时把新产品、好产品推向市场。

陈中美认为，由于消费升级，目前市场是饥饿的。同时，市场销售的多元化，以及产品需求方主体性质的转变，都需要不同定位的细分产品出现，但许多企业并没有向市场提供好的、差异化的、能够满足各种不同定位需求的产品。

因此，由陈中美主导的诺比克公司的定位开始变得越来越重要。让合作

方利用集品的设计优势、自主开发能力以及诺比克的采购、仓储、物流、推广和批量生产等配套服务，给厂家提供新的产品或者新产品的资讯，集品则借助合作方解决产品制造以及产品销售等问题。

以诺比克或合作方的品牌作为产品价格推手，在相关领域拉高产品价格，让生产方、礼品赠品、出口等其他合作方和渠道均有利可图。陈总透露，对于一些产能比较大的，比如医疗保健、家电家居、电子设备等需要大规模或特定生产资质的产品，则交由其他孵化中心或合作方制作完成。

通过整合企业的现有生产和渠道优势，使其成为集品的优势；通过整合集品设计及信息的优势，使其成为生产及销售方的优势。只有这样强强联合，发挥所长互补不足，运用各自的特长通过多开新款、准确定位、快速上市，才能产生更多合作的机会，实现互利共赢，推动制造行业健康稳步发展。

陈中美指出，采用各取所长的合作模式，不仅不会和厂家形成冲突，而且还避免了再次走上设计公司和生产企业“抢饭吃”的老路，真正做到了利益共享。

这种故意展示自身弱势方面寻求合作方，通过发挥各自特长、互补彼此短板的合作模式被他笑称为“示弱营销”！

创新是关键，也是企业立足的根本！陈中美利用集品和孵化中心的设计优势、生产配套优势与其他企业的生产及营销优势建立合作关系，通过这种上下游合作模式，优势互补并成功转型，为企业的产品创新搭建良好的合作平台，让更多的生产企业和销售方从中受益，也为整个制造业的良性发展提供了独特的模式并作出了一定的贡献。

画室

一直期望自己能拥有一间画室，最好是能在一个古朴的房子里，推开窗，就能看见一片竹林或者一汪清水。室内有许多老物件，乱七八糟地堆着一些画框，墙上挂满了画。一个大桌子上，杂七杂八地放着各种稀奇古怪的摆件、书籍。我穿着沾满颜料的工作服，在洁白的画布上涂抹，房间里回荡着自己喜欢的音乐，还有飘舞升腾的熏香。

这是我许久以来的梦想，现在依然如此。直到提笔写这篇文章的时候，我开始感到这也许会成为自己的心病。

我从来就没有把自己看作画家，也没有从事相关的职业。画家这个称呼，我认为很神圣。我看过《梵高传》，也看过雷诺阿、米开朗基罗等著名画家的报道和作品，乃至国内现在的大家们的作品，与他们相比，我既没有高超的画技，更无执着的追求，甚至从不间断地作画我都无法做到。所以，我不敢自称画家，虽然心里面一直渴望得到这个称谓，也一直断断续续地在写生、创作。不过，不管是什么状态，或是他人如何评价，我依然希望自己能有一间画室，作为我工作生活之外的第二空间，独自享受的世界。

自从我有经济能力开始，我就一直在换房子。既为家人能居住舒适，更想自己能独享一间画室。但因为种种原因，至今无法实现。

最主要的原因是，油画需要用到气味较大的松节油以及其他成分的调色油、上光油等材料。如果没有独立的、相对封闭的空间，这些刺鼻的异味，一般人是无法忍受的。况且，长期接触油画颜料，对身体健康有一定的影响，特别是小孩。此外，如果家人在旁边看电视，或者在我附近走来走去，也会影响作画的心情。特别是当你快完工时，一不小心，小孩在画作上来个再创作，那就追悔莫及了。

所以，相当长的一段时间内，我只能在为了避免高温的秋冬两季，在客厅、在阳台、在卧室的某个角落，断断续续地涂抹几笔，以解心痒。这种经历，毫无创作以及绘画的快乐，纯属自虐。

后来，换了一个有较多房间的住房，规划了主人房、长辈房、小孩房、书房、洗衣间等，最后有一间，我想作为画室，可老婆建议我设计成多功能房。弄上榻榻米，装好升降桌，打好大立柜，空余的地方铺上地毯，我支好画架，展开手脚一试，确实很完美。可到现在，我也没在里面画过几幅画。为什么？多功能房完全是小孩子的领地，特别是我的侄子、侄女们一来，在里面搭积木，玩枕头大战，上蹿下跳，不亦乐乎。考虑到他们的偶尔使用，考虑到异味的困扰，考虑到我画作的安全性，只好作罢，画架上落满了灰尘。

也曾想过，在公司内部为自己留一个小单间，作为画室也确实不错，也曾这样尝试过。可还是味道的问题，油画材料的异味，让员工和客户经常皱眉掩鼻。当有客户或朋友到访时，我若是匆忙从画室出来，身上粘着颜料，带着异味，客户肯定认为我不务正业，还有作秀之嫌。

顾虑太多，决心太小，顾此失彼，左右为难。所以，只留着设想，设想着有那么一个空间，面积不大，有窗户即可，放着一些旧家具，墙壁、地面，到处是我的画作。而我，可以斜躺在一个圈椅里，眯着眼睛，久久地注视着还未完成的作品，偶尔站起，趿拉着拖鞋，在画布前站定，慢慢地调色，慢慢地在画布上组织色彩关系，修改形体造型；也偶尔为自己倒上一杯茶，听着有穿透力的音乐，盯着画布发呆。

很遗憾，我还没有这些，还仅仅是在其他功能空间找到一个角落。写此文，告慰自己一下，也是发泄一下吧。再次希望，不久的将来，我能拥有一间真正的画室，那里春暖花开！

2018 年 6 月 2 日

后 记
POSTSCRIPT

这本书终于可以出版了，对我而言，这是第一次出书，也许也是最后一次，又或者猴年马月还会有第二本、第三本。不去设想，也不做计划。

出书的目的并不复杂，与名气和经济效益无关。这么些年，写了一点文章，画了几幅画，都是有感而发，有意而为，一切只是为了记录或者发泄。好也罢，差也罢，当时的我没有想那么多。以至于现在要辑录出书了，才开始诚惶诚恐，怕文笔功夫不到位，怕美术功底不扎实，怕这本书出来后贻笑大方。

熬了十几个昼夜，检查文字，排版设计，我希望尽力而为，先让自己满意。其实，一切的一切，除了总结，主要是为了感恩。感谢哺育我的父母以及长辈，感谢给予我帮助的所有亲朋好友。

真心希望这本书出来以后，能给我的父母看看，让他们更了解自己的儿子，也希望自己的子女看看，希望他们以后更理解自己的父亲。如果如此，欣慰矣。

更有意思的是，当自己几十年后在书架上找到这本书，捧着这本书读一读，应该能够填补一些记忆中的空白。

愿这本书，用过去的我，好好认识一下现在的您。